군 집단상담의 기초

심윤기 · 정구철 · 정성진 · 전영숙 · 주희헌 공저

창지사

머리말

우리 군은 2005년부터 전문상담제도를 도입하여 군 적응에 어려움을 호소하는 장병들을 다방면에서 조력하고 있다. 그 결과 장병의 자살사고와 총기사고 같은 악성사고가 감소하고 부대 전투력이 한 단계 격상되는 데 큰 성과를 내고 있다. 아울러 고질적인 병영문화의 구습들도 점차 사라지도록 하는 데 기여하고 있으며, 군 간부의 상담역량을 증진하는 성과도 동시에 거두고 있다. 그러나 전문상담제도가 도입된 지 10여 년이 지나고 있음에도 불구하고 아직도 개인상담 위주로 상담서비스가 제공되고 있다는 점과, 군 상담학의 제 분야별 발전이 더디게 이루어지고 있는 것은 큰 아쉬움으로 남는다.

이 같은 현상은 군 상담학의 제 분야에 대한 컨트롤 타워 기능을 수행하는 조직이 존재하지 않고, 그로 인해 제 기능을 아우르고 통합하는 노력이 부족한 것에서 그 이유를 찾는다. 뿐만 아니라 군 상담학의 분야별 전공서를 내지 못한 것도 또 다른 하나의 원인이 되고 있다는 지적도 있어 왔다. 다행히 2016년에『군 상담학의 이해와 적용』이라는 군 상담학의 기본 개념서가 발간되어 군 상담학 발전의 기초가 마련된 것은 큰 성과가 아닐 수 없다. 이러한 노력을 바탕으로 2017년부터 군 상담학의 분야별 전공서가 매년 시리즈로 발간하게 되었는데, 그 첫 열매가 바로 본서인『군 집단상담의 기초』가 된다. 2018년부터는 군 외상 후 스트레스장애와 외상 후 성장, 군 위기상담의 실제, 군 진로상담, 군 가족상담 등의 군 상담학 전공서가 시리즈로 발간될 예정이다.

본서는 모두 2부로 구성되었다. 제1부는 군 집단상담을 이해하는 데 필요한 이론 위주로 구성되었으며 심윤기 교수와 정구철 교수가 맡아 집필하였다. 제2부는 집단상담을 군에 적용하기 위한 프로그램 위주로 구성하였는데, 정성진 교수를 주축으로 삼육대학교 상담심리학 박사과정에 있는 전영숙 하늘숲속학교 교장과, 주희헌 육군 병영생활전문상담관이 맡아 집필하였다.

제1장에서는 군 집단상담의 배경적 기초가 되는 군 조직의 특성과 군대문화를 알아보았고, 군 병영의 환경과 신세대 병사들의 특징을 다루었다. 제2장에서는 군 집단상담이 이루어지지 위한 여러 가지 조건을 살펴보았다. 군 집단상담의 목적과 군 집단의 역동성 및 변화 요인을 각각 살펴보았다. 제3장에서는 집단상담의 주요 이론을 소개한다. 이론별 인간을 바라보는 관점과 주요 개념, 상담의 적용 방법과 절차, 기법 등을

살펴보았다. 제4장은 군 집단상담의 개념을 다루었다. 군 집단상담에 대한 정의와 원리를 살펴보았고, 유형별 상담전략을 소개한다. 제5장은 군 집단상담이 이루어지는 단계를 제시하였다. 군 집단상담을 위한 준비 및 실시단계, 그리고 종결단계로 각각 구분하여 단계별 상담내용과 방법들을 기술하였다. 제6장은 군 집단상담 과정에서 나타날 수 있는 문제행동을 알아보았는데, 집단상담을 진행하는 지도자와 집단에 참여한 장병들이 해야 할 역할을 살펴보았다. 제7장은 군 집단상담의 기술을 소개한다. 집단상담 과정에서 기본적으로 다루어지는 기술과 집단과정을 촉진하고 집단목표를 성취하는 기술들을 다루었다. 제8장은 군 집단지도자의 자질을 살펴보았는데, 인간적 자질과 전문적 자질 그리고 윤리적 자질로 각각 구분하여 알아보았다.

제2부에서는 군에 실제 적용할 수 있는 집단상담 프로그램을 소개하였다.

우리나라 대학교 중 유일하게 군 상담학 전공 학과를 독립적으로 운영하고 있는 삼육대학교 교수들과 대학원생들이 주축이 되어 집필진이 구성된 것은 큰 의미가 아닐 수 없다. 군 상담학을 전공으로 공부하고 있는 후학들에게 본서가 많은 도움이 될 것으로 믿는다. 아울러 군 간부가 되기 위해 군사학과·부사관과에 재학 중인 대학생 그리고 각 군 사관학교 생도, 군 보수교육과정에 있는 간부와 야전부대에서 근무하고 있는 간부들의 상담역량을 강화하는 교재로도 유용하게 활용되기를 기대한다. 특히, 본서를 기반으로 유형별 군 집단상담의 영역이 좀 더 정교하게 정립되고, 그 기능이 발전됨과 동시에 경찰, 소방 등을 포함한 군 조직 전반으로 확장되는 데 촉매의 역할이 되었으면 한다.

그동안 본서를 만들고자 노력하는 과정에서 많은 분들의 도움이 있었다. 집필기간 내내 본서 발간의 의미와 가치를 잊지 않게 상기시켜 주시고, 어려울 때마다 지지와 용기로 이끌어 주신 하나님께 먼저 감사드린다. 그리고 전영숙 하늘숲속학교 교장과 주희헌 육군 병영생활전문상담관의 헌신과 노고가 많았는데, 특별히 그분들과 함께 본서 발간의 기쁜 마음과 고마움을 나누고자 한다. 마지막으로 군 상담학에 특별한 관심과 애정을 갖고 분야별 군 상담학 전공서가 매년 시리즈로 출간될 수 있도록 배려를 아끼지 않으신 창지사 사장님과 관계자 모든 분들께도 깊은 감사를 드린다.

2017년 8월

저자 일동

차 례

PART 2 군 집단상담 프로그램

Military Group Counseling

PART 1

군 집단상담의 이해

CHAPTER 1

군 집단상담의 배경

군은 막강한 군사력과 높은 수준의 전투력을 항상 유지해야 한다. 그것만이 전쟁 발발을 억제할 수 있고 유사시 전쟁에서 승리할 수 있다. 이러한 군의 존재목적을 달성하기 위해서는 집단적 차원의 특수한 행동원리가 필요하게 된다. 또한 집단 구성원 관리를 위해서는 그 어떤 조직보다도 집약적이고 통합적인 기술이 요구된다. 다시 말해, 군 조직은 특수한 환경과 자체 기능을 고려하여 다양한 인적자원을 관리하고 조직을 효율적으로 운영해야 군의 존재목적을 달성할 수 있게 되는 것이다. 이러한 점에서 우리는 군 집단의 배경적 요소라 할 수 있는 군 조직 전반에 대해 살펴볼 필요가 있다.

따라서 이 장에서는 군 조직의 특성과 군대문화를 먼저 알아본다. 그다음에는 시대의 흐름에 따라 변천되어 온 병영의 환경을 살펴보고, 군 집단의 주요 구성원인 병사들의 특징에 대해서 알아볼 것이다.

제1절 군 조직의 특성

군은 국가의 안전보장과 국토를 방위하는 데 존재목적을 가진다. 전시에는 전쟁에서 반드시 승리하며, 평시에는 강한 전투력을 유지하여 전쟁억제력을 확보하는 것이다. 군은 이러한 목적하에 계급과 직책, 권위를 바탕으로 하는 위계적인 체계로 운영된다. 조직구성원으로 하여금 개인의 욕구나 목적이 달성되지 않더라도 조직에 복종하는 자세를 요구하고, 국가 안위와 민족의 생존을 위해서는 소중한 생명까지도 바치도록 하는 희생적 가치관의 내면화를 요구하게 된다. 이러한 특성은 일반 사회조직에서는 좀처럼 찾아볼 수 없다. 군 조직은 국가와 국민을 위해 나름의 특수한 기능과 역할이 필요한 곳임에도 불구하고 일부 군 장병은 군 조직의 특성을 잘 이해하지 못한 상태에서 군 복무에 임하고 있다.

이러한 점에서 군 집단상담의 필요성이 강조되고 있는데, 군 집단상담 과정을 통해 군 조직의 특성과 문화를 이해하는 데 크게 기여하기 때문이다. 군 복무의 의미와 가치를 인식함에 있어서도 도움을 줄 뿐만 아니라 한 인간으로 성장하고 발전이 이루어지도록 하는 데에도 기회를 제공한다. 군 집단상담을 이해하고 이를 효율적으로 활용하기 위해서는 먼저 군 조직의 특성을 전반적으로 이해할 수 있어야 한다. 군 조직에 대한 특성을 이해하지 못한다는 것은 곧 군 집단의 전체적인 기능을 알지 못한다는 의미가 되는 것이며, 군 집단상담 과정을 진행하고 지도함에 있어서도 성과적으로 이루어지도록 하는 데 한계를 가지게 된다.

1. 구조적 특성

군은 국가보위의 절대적인 목표를 달성하기 위해 명예와 가치, 규범의 중요성을 강조한다. 또한 장병들의 높은 사기를 유지하고, 단결력을 증진하며, 명령에 따른 복종이 체계적으로 이루어지도록 조직 구조를 편성한다. 이와 같이 군의

구조적인 편성은 조직의 존재 목적과 임무수행을 고려하여 편성하게 되는데, 집단적이고 위계적이며 제도적인 특징을 가진다.

군은 국가보위의 절대적인 목표를 달성하기 위해 명예와 가치, 규범의 중요성을 강조한다. 또한 장병들의 높은 사기를 유지하고 단결력을 증진하며, 명령에 따른 복종이 체계적으로 이루어지도록 구조를 편성한다. 군의 구조적인 편성은 조직의 존재 목적과 임무수행을 고려하여 편성하게 되는데, 우선 전투임무를 효율적으로 수행하기 위해 조직을 집단적으로 편성하고, 명령과 지시에 의해 부대를 원활히 통제할 수 있도록 위계적으로 편성한다.

1) 집단적 조직 편성

일반 사회에서는 개인의 자율성과 평등을 강조한다. 그러나 군 조직은 전투행위와 전쟁억제에 주안을 두고 통제성과 위계를 강조하며 집단적 편성을 강화한다. 국가의 영토와 국민의 생명을 적으로부터 보호해야 하는 엄중하고도 숭고한 목표에 지향될 필요가 있기 때문이다. 따라서 군은 이러한 목적을 효율적으로 달성하기 위해 집단적인 구조로 조직을 편성하게 되는 것이다. 다시 말해 장비단위 혹은 팀 단위 위주로 조직을 편성하게 되며, 전투임무수행의 최소 규모인 분대로부터, 소대, 중대, 대대, 연대, 사단, 군단, 군사령부, 합참 등 단위 부대를 집단적으로 편성한다.

2) 위계적 명령체계

군 조직은 구성원들의 높은 사기를 유지하고, 엄정한 군 기강을 확립하기 위해 명령에 의한 즉각적인 반응을 요구한다. 사회조직과 달리 상하 관계가 연령이나 교육, 경제적 환경과는 무관하게 오로지 계급과 직책으로만 편성된다. 아울러 개인의 독립성과 자발성보다는 상관의 명령에 복종하고 조직에 충성하는 것에 높은 가치를 부여한다. 이것은 일사불란한 지휘체계를 확립하기 위하여 한 방향 한목소리를 내야 하고, 명령과 지시에 의해 부대가 통제되어야 하기 때문이다. 뿐만 아니라 계급과 직책 등 위계적인 체계로 부하들을 관리하여 부여된 임무를 보다 효율적으로 수행할 필요가 있기 때문이다.

3) 제도적 조직관리

군 조직은 정기적인 부대훈련과 시험 및 각종 평가를 통해 최상의 전투력을 유지할 수 있도록 관리된다. 군 조직구성원은 체력, 사격과 같은 개인능력의 측정을 통해 평가받으며, 이러한 결과는 조직 내의 진급이나 인사관리에 반영된다. 아울러 병사를 제외한 장교와 부사관 및 준사관은 모두 지역별 근무를 순환하는 보직을 부여받게 된다. 군 생활 부적응으로 고통을 받고 있는 병사의 경우에는 병영캠프제도나 전문상담제도를 통해 이를 치유하도록 하여, 전투력이 약화되는 것을 예방한다. 이렇게 군 조직은 다양한 제도적 장치들에 의해 체계적으로 관리되고 운영된다.

2. 기능적 특성

1) 국가보위의 기능

군이 존재하는 목적은 적으로부터 국토를 방위하고, 국민의 생명과 재산을 보호하며, 나아가 세계평화유시 활동에 기여하는 것이다. 이를 위해서는 평상시 막강한 전투력을 유지하여 어떠한 세력도 우리의 안전을 위태롭게 하지 못하도록 전쟁을 억제하는 것이다. 다시 말해 전쟁 준비를 잘 해야 한다는 의미다. 실전과 같이 훈련하고 군 자원을 효율적으로 관리하며, 상담제도를 통한 비전투손실을 예방하는 것 등은 모두 궁극적으로 국가보위를 위한 기능이다.

2) 민주시민 육성 기능

군은 전쟁이 없는 평시에는 건전한 민주시민을 육성하는 국민교육도장의 기능을 수행한다. 군 생활은 가정이나 학교와는 달리 비교적 사회문화적 배경이 다른 청년들로 구성되어 있다. 따라서 동료들과 함께하는 군 생활을 통해 규율과 규정을 지키는 것을 배우고, 강한 교육훈련을 통해 인내와 끈기를 배우면서 정신적·육체적으로 성숙하게 된다. '남자는 군에 갔다 와야 된다'라는 말을 하는 것은 곧 군 생활 자체가 한 인간으로 성장하는 데 필요한 기능을 하고 있다고 믿고 있기 때문이다.

3) 조직결속의 기능

어느 조직이든 조직의 결속력과 응집력은 필요하다. 이는 조직의 성과와 직결되고 조직 효율성에도 직접적인 영향을 미친다. 군 조직은 목표 달성의 특수성 측면에서 강한 집단적 결속을 강조한다. 조직구성원의 일체감을 공유하고 공동체 생활을 강화함으로써 집단의식과 응집력을 증진하려고 최선을 다한다. 군 집단상담제도는 이러한 군 조직의 결속력을 증진하는 데 중요한 역할을 하게 된다. 군의 가치와 덕목을 수용하고, 동료 간 원만한 의사소통과 대인관계를 촉진하여 군 전투력을 강화하는 데 기여한다.

4) 독립적 자족기능

군 조직은 군의 고유한 임무를 효율적으로 수행하기 위해 독립된 기술과 자족기능을 유지한다. 자체적인 정책기관과 사법기관, 의무기관 등의 독립적인 기관을 갖추고 있는 것은 이러한 자족성 때문이다. 군 조직과 개인의 행동이 일체감을 갖도록 하는 데도 독립적인 자족기능이 필요하다. 이를 위해 개인이 지닌 다양성은 훈련소에 들어서면서부터 억제되고, 전체의 통일성이 강조되며, 제도화된 계급구조에 의해 지시를 받게 된다. 이러한 과정을 거쳐 군 장병은 군의 규범

화된 새로운 가치와 특수한 행동양식에 적응되며, 동시에 독립적인 임무수행 능력을 갖추게 된다.

3. 환경적 특성

1) 심리적 환경

군의 심리적 환경은 긴장의 필드(field)라 할 수 있다. 전시에는 생명의 위험을 무릅쓰고 전투를 수행해야 하며, 평시에는 실전과 같이 훈련하여 전쟁억지력을 확보해야 되기 때문에 늘 긴장감이 유지된다. 이렇게 군 생활은 생명을 위협하는 요소들이 많고 미래를 예측하기 어려워 장병들이 느끼는 불안과 긴장은 일반사회보다 비교할 수 없이 높은 것이 사실이다. 따라서 군에 입대하기 전 개인주의적인 가치관과 자기중심적인 행동에 익숙한 장병들로서는 군 생활의 엄격한 규율과 규정을 지키기가 힘들다(육군본부, 2007). 또한 명령에 대한 절대적인 복종과 집단적 행동의 요구는 심리적 구속감을 느끼기에 충분하다.

2) 문화적 환경

군 조직문화는 국가관을 확립하고, 계급과 권위를 존중하며, 희생과 봉사정신을 갖도록 하는 등 건강한 병영문화를 구축하는 데 긍정적인 측면을 지니고 있다. 그러나 형식적이고 획일적이며 폐쇄적인 측면도 있어 이에 대한 개선이 요구된다. 이를 위해 군에서는 입대하는 장병들의 의식구소와 가치관을 넓게 포용할 수 있는 건전한 병영문화를 정착시키기 위해 지속적으로 노력하고 있다. 특히, 병영문화는 장병을 지휘통솔하기 위한 합리성에 바탕을 두며, 모든 장병들이 사명감과 책임감을 갖고 자율적으로 이에 동참할 수 있도록 많은 노력을 기울이고 있다.

3) 임무수행 환경

군대는 본연의 임무를 수행하기 위해 일정한 지역에 주둔한다. 외부생활과 차단된 상태로 군 조직이 요구하는 임무를 수행해야 하며 반드시 집단적인 공동체 생활을 해야 하는 당위성을 가진다. 이렇게 임무수행 환경은 일반사회와 비교할 때 많은 차이가 난다. 군에서 수행하는 임무는 계급과 직책에 따라 매우 다양하다. 부여된 임무는 주·야 구분 없이 계속 수행하여 완전하게 목표를 달성해야 한다. 또한 빠른 시간에 완료해야 하는 신속성이 요구됨과 동시에 정해진 시간 안에 완벽하게 끝내는 정확성이 요구되는 환경이라고 할 수 있다.

제2절 군 조직문화

군 조직문화는 일반사회 문화와 다른 특징을 지니고 있다. 군 조직문화는 구성원들에게 조직의 일체감을 형성하게 하고, 집단행동을 이끌도록 한다. 아울러 집단적인 몰입을 촉진하고 구성원의 안전을 위한 도구로도 작용한다(심윤기, 2016). 군에 입대한 장병들은 새로운 군 조직의 문화를 접하면서 명령에 대한 복종, 엄정한 군기 유지, 화합과 단결 등을 위한 특정한 요구를 부여받게 된다. 문제는 이러한 요구들이 군 생활 적응을 어렵게 하는 원인으로 작용한다는 데 있다. 군 집단지도자는 이러한 점을 고려하여 군 조직문화에 대한 개념과 특징, 필요성을 정확히 이해하여 장병들에게 설명해 줄 수 있어야 한다.

[그림 1-1] 군 조직문화의 특징

1. 군 조직문화의 특징

1) 명예주의

군은 조직 규범에 의해 그 형식과 절차가 정해져 있고 이에 대한 가치평가도 규범에 의해 평가되고 있다. 군인은 국토방위의 최일선에서 일하고 있다는 명예를 비롯하여 용기와 덕성에 높은 정신적 가치를 둔다. 특히, 명예는 군 고유의 임무와 관련하여 죽음을 초월한 의로운 삶을 살도록 이끌어 주는 역할을 한다. 이에 군인복무규율에서는 명예를 존중하는 이상적인 군인의 생활을 강조하고 있다. 필자가 사관생도 시절 '사관생도 명예신조'를 충성연병장에서 전 생도들과 함께 제창한 경험이 있는데, 이것 역시도 사관생도로서의 명예에 높은 가치를 부여하였기 때문이다. 이처럼 군은 명예를 중요시하는 문화를 바탕으로 운영된다.

2) 집단주의

집단주의란 집단의 목표와 이념을 개인보다 우선하고 개인의 인격이나 인권 또는 권리 등을 집단에 예속시키는 것을 말한다. 군 조직은 근본적으로 개인보다 집단을 중요시하는 집단적 성격을 지닌다. 국가방위라고 하는 목표의 절대성으로 인해 명령과 복종체계, 권위주의적인 요소가 접목된 집단주의적 성격이 강하게 요구되는 것이다. 군에서는 이러한 집단주의 의식을 장병들에게 심어 주기 위해 많은 노력을 기울인다. 개인의 이익에 우선하여 집단의 이익을 더 중시하고, 집단을 위해 자기희생도 감수할 것을 요구한다. 군 집단상담은 이러한 집단의식을 공고히 하고 집단응집력을 강화하는 역할을 간접적으로 제공한다.

3) 실적주의

실적주의란 업무수행의 과정이나 절차보다는 결과와 형식을 중시하는 성향을 말한다. 실적주의는 가시적이고 분명한 목표를 제공해 주며 동시에 강한 추진력을 발현하게 하는 원동력이 되기도 한다(박재하, 1991). 군은 이와 같은 실적주의 문화를 중요시한다. 업무수행의 기한 엄수를 중요하게 생각하고, 단기간 내 임무수행의 완수를 자랑스럽게 여긴다. 반면, 결과를 중시하기 때문에 정상적인 방법으로 일하는 것이 아니라 편법이나 요령을 동원하게 될 위험성도 동시에 가진다. 또한 반드시 적을 이겨야 하는 당위성을 강조하다 보니 결과를 매우 중시하게 되고, 그로 인해 내용과 과정 및 절차 등은 간과하기 쉬운 단점이 있다.

4) 완전주의

군대는 항상 전쟁이 일어날 것을 염두하고 완전무결하게 준비할 것을 강조한다. 완전주의는 직무와 관련한 책임에 관해서 엄격한 잣대의 기준을 제시한다. 또한 군 조직의 목표를 달성하기 위해 치밀하고 계획성 있는 업무수행을 요구하고, 조직구성원들이 전력을 다해 노력해 줄 것을 요구한다. 이렇게 군대의 완전주의는 임무수행을 위해 꼭 필요한 문화가 된다. 하지만 이로 인해 많은 장병들이 업무를 기피하고 보직변경을 요구하며, 업무 스트레스로 탈영을 시도하는 등 부적응으로 이어지는 원인이 되기도 한다. 특히, 집단상담 과정에서는 완전주의를 요구하거나 기대하지 말아야 하는데, 그 이유는 집단의 수용적이고 자유로운 분위기를 저해하고, 집단원의 상호작용과 집단역동에 방해가 되기 때문이다. 따라서 군 집단지도자는 완전주의가 필요한 상황과 그렇지 않은 상황을 구분할 수 있어야 하며, 이를 장병들에게 잘 이해시킬 수 있어야 한다.

5) 획일주의

획일주의란 개인의 사고, 정서, 행동을 일정한 구조적인 틀에 인위적으로 규격화하는 것을 말한다. 군 조직이 획일성을 요구하는 이유는 군이 추구해야 할 목표와 가치, 싸워야 할 적이 누구인가에 대한 통일성이 필요하기 때문이다. 또한 지휘관을 중심으로 한 방향 한목소리를 내야 하는 단일체계와 정확한 업무수행

을 위한 통제의 용이성 차원에서도 필요하다. 그러나 획일주의는 다양한 의견 수용을 어렵게 하고, 이해 상충이 발생하게 하는 원인이 되기도 한다. 따라서 군 집단지도자는 이러한 획일주의의 장·단점을 고려하여 집단을 지도해야 한다. 군 집단상담은 집단에 참여한 장병들의 다양성을 존중하고 수용하는 과정이지, 획일적인 모습을 요구하는 과정이 아니기 때문이다. 다시 말해, 군 조직 관리를 위해서는 획일주의 문화가 필요하지만, 집단상담 과정에서는 이를 철저히 배제해야 하는 요소임을 명확히 인식해야 한다.

6) 권위주의

권위주의란 다른 사람의 의견에 관용적이고 수용적인 태도를 취하지 않고 오히려 지배하려 하며, 부하들이 복종적인 태도를 취하는 것을 기대하는 성향을 말한다. 군대는 그 어떤 조직보다도 강한 관료적 성격의 권위주의 문화를 가진다. 특수한 군 조직을 규율과 통제로 관리되게 하고, 전투상황에서의 임무수행 효율성을 촉진하는 역할을 한다. 하지만 권위주의하에서는 부하의 자율성과 창의성, 책임감이 위축되고 제한받게 되는 위험성이 공존한다. 따라서 권위주의는 군 임무수행을 위해 필요한 요소가 되지만, 동시에 명랑하고 다이나믹한 병영생활을 위한 자율성 측면에서는 도움 되지 않는다는 사실을 집단상담 과정을 통해 명확히 인식할 필요가 있다고 본다.

7) 폐쇄주의

폐쇄주의란 외부에 대하여 자기 내부 조직의 개방을 제한하고, 보안과 비밀을 중시하는 것을 의미한다. 전투에서 승리할 수 있는 여러 조건 중 하나는 아군의 작전의도가 적에게 노출되지 않도록 하는 것이다. 만약 아군의 작전계획이 적에게 알려지게 된다면 그 작전은 실패할 가능성이 매우 높아지게 된다. 군대가 개방적이지 못하고 폐쇄적으로 유지되어야 하는 이유가 여기에 있다. 이렇게 군 조직의 폐쇄성은 특수한 임무수행을 위해 필요한 문화가 되겠지만, 동시에 장병의 군 복무에는 좋지 않은 영향을 미치기도 한다. 따라서 군 집단상담 지도자는 폐쇄주의 문화에 대한 필요성과 장·단점 등을 군 장병들이 이해할 수 있도록 잘 설명할 수 있어야 한다. 아울러 군 집단상담 과정은 폐쇄적이지 않은 개방적인 조건하에서 이루어져야 됨을 인식해야 한다.

제3절 군 병영 환경

1. 국방개혁 추진

우리 군은 그동안 국가방위의 최후 보루로서 훌륭히 그 임무를 수행하여 왔으며, 남북분단과 군사적 대치상황 속에서도 경제적인 고도성장을 이룩할 수 있도록 토대를 제공해 왔다. 우리의 국방개혁 역시 과학기술의 비약적인 발전과 안보환경의 급격한 변화에 능동적으로 대처해 오고 있다. 국방개혁은 급변하는 현대전 양상에 대처하기 위한 국가적인 과업이 아닐 수 없다. 적보다 멀리 보고, 적보다 빠르게 기동하며, 적보다 정확하게 타격하는 부대를 육성하는 데 목표를 두고, 정보와 첨단무기 중심의 국방이 되도록 지속적인 개혁을 추진하고 있다. 좀 더 우리 군의 국방개혁에 대한 추진방향을 살펴보도록 하겠다.

1) 군 전력의 첨단화

정부와 군은 국방개혁을 국가적인 차원의 역사적 과업으로 인식하고, 국가안보 전략의 주요 과제로 선정하여 꾸준히 추진하고 있다. 군은 그동안 제한된 국방재원하에서 첨단 전력보다는 병력 위주의 군 구조를 유지함으로써 병력 규모

에 비해 실질적인 전투력이 확보되지 못하였다.

따라서 현대전 양상에 능동적으로 대처하기 위한 새로운 전략과 전장운용 개념에 부합된 전력을 강화할 필요성을 느끼고, 첨단화된 전력을 증강하고 있다. 동시에 이를 효율적으로 운용할 수 있는 정예화된 군 구조로 개편하고 있다(국방부, 2015).

2) 합리적인 국방운영

군은 국가안보의 중요한 목표를 달성하기 위해 육·해·공군 전력 배비의 균형을 유지하고 각 군의 고유한 영역이 보장되도록 하고 있다. 또한 효율적인 국방력 건설 및 운영으로 국가 경제발전에 기여할 수 있는 저비용·고효율의 자원절약형 국방관리체제를 유지하고 있다. 아울러 문민 중심의 국방정책결정과 집행을 보장하고, 국방운영의 전문성과 일관성을 제고함으로써 보다 합리적인 국방운영체제를 구축하고 있다(국방부, 2016). 또한 성숙한 민주시민사회의 요구를 수용하고 국민의 안녕을 증진하여, 국민들의 무한한 신뢰 속에 임무에만 전념하는 군대를 만들어 가기 위해 다방면으로 노력하고 있다.

3) 선진병영의 육성

군 복무를 기피하려는 현상은 어제오늘의 일이 아니다. 군 복무 기간을 버려지는 시간으로 혹은 인생이 정체되는 시간으로 인식하는 잘못된 현상이 이어져 온 것이 사실이다. 군에서는 이러한 군 복무 기피현상을 보완하기 위해 복무기간 중 자기계발을 할 수 있는 기회를 제공하기 위해 노력하고 있다. 이는 군 장병들이 그동안 줄기차게 요구하여 왔던 사항이자 사회적 요구사항이 관철되고 있는 것이다. 아울러 군은 장병들의 바람직한 국가관과 가치관을 형성하기 위해 다양한 노력을 기울이고 있는데, 체험학습 프로그램을 적용하여 건전한 가치관과 민주시민의식 함양은 물론 개인의 다양한 능력과 강점을 계발할 수 있도록 제도화된 방안을 마련하고 있다.

2. 병영문화의 혁신

군대는 아차 하는 순간 많은 생명을 앗아 갈 수 있는 급박한 상황들이 많다. 그렇기 때문에 상급자의 명령과 지시에 절대적으로 복종하는 것은 조직구성원 전체의 생명과 안전을 위해서 지극히 필요하다. 하지만 그것이 하급자의 인격이 무시되고 기본권이 침해되거나 계급과 권위의 정당성만이 강조되는 것은 바람직하지 않다. 과거의 잘못된 병영문화는 국민들로 하여금 군에 대한 신뢰와 사랑을 받지 못하게 하였으며, 내 자식만은 결코 보내고 싶지 않은 곳으로 인식하게 하였다는 점에서 통렬한 반성이 필요하다. 이러한 점에서 군 집단상담 전문가는 상담을 통해 부적응 장병들을 돕고 사고예방에 기여하는 것도 중요하지만, 동시에 존중과 배려의 병영문화를 만드는 데에도 심혈을 기울여야 한다. 현재 추진되고 있는 병영문화혁신의 기본방향에 필자의 의견을 추가하여 제시해 보고자 한다.

1) 인간 중심의 병영 육성

개인이 지닌 특성과 군 조직의 집단적인 특성이 조화롭게 유지되고 운영되는 인간 중심적인 병영이 조형될 필요가 있다. 지금까지는 군 조직 차원의 집단 중심적인 병영을 강조하여 왔다. 그러다 보니 개인의 인격적인 측면과 권리, 잠재능력 실현 과제는 상대적으로 덜 중요하게 인식하는 결과가 초래되었다. 그러나 이제는 군 집단의 발전을 추구하면서 동시에 개인의 특성과 인격, 자기실현이 동시에 보장되는 병영으로 발전되어야 한다. 특히, 장병 개개인의 인권을 존중하

고, 개인이 지니고 있는 다양한 강점과 덕성을 개발함은 물론 창의성이 발현되는 문화가 만들어질 필요가 있는 것이다. 아울러 개인의 성과가 조직의 성과로 연결될 수 있는 제도적 장치들이 마련되어야 한다. 그 대안의 하나로 군 집단상담 제도를 군 전반으로 확대하는 것이다. 군 간부들의 상담역량강화 교육을 통해 군 간부가 주도하는 상담이 이루어지도록 해야 하며, 현재의 개인상담 수준으로 군 집단상담이 활성화되어야 할 것으로 본다.

2) 개인과 집단역량 발휘

군 조직의 목표를 달성하기 위해서는 개인과 집단, 조직의 고유 역량이 최대한 활용되어야 하고, 이를 위한 통합성의 병영문화가 만들어질 필요가 있다. 이러한 통합성의 군대문화가 병영의 구석구석에 정착되게 하려면 군대문화가 이에 기여하는 방향으로 재설정되어야 한다. 군대문화가 장병 개개인의 가치관과 다양성을 존중하고, 동료 간 상호 신뢰와 공동체 정신을 중시하는 방향으로 재 조형되어야 한다는 의미이다. 이를 기반으로 군 조직 전체가 긍정적인 기관이 될 수 있도록 혁신적인 변화가 이루어져야 하며, 이를 통해 장병 각 개인의 잠재역량과 강점이 개발됨은 물론 이를 지속적으로 발전시켜 가야 한다.

3) 협력과 개방성 견지

군대문화의 정체성을 견고히 유지하기 위해서는 사회와 협력을 유지하는 것이 필요하다. 이것은 선진 병영을 이루기 위한 가장 기본이 되는 요소다. 전투에서 이길 수 있는 사기왕성한 군대의 특성이 반영된 병영을 발전시키되, 군 조직의 이익만을 우선하는 폐쇄적인 모습이 쇄신되어야 한다는 의미이다. 다시 말해, 위계질서와 명예 등을 중시하는 고유의 속성은 군 본연의 임무와 기능을 수행하는 데 꼭 필요한 요소지만, 시대 착오적이고 구태의연한 적폐의 속성들은 군 내·외 환경변화에 빨리 조화되도록 쇄신하고 동시에 군 장병의 의식과도 부합되도록 해야 한다.

4) 사회문화 환경에 부합된 발전

군이 무엇을 어떻게 해야 하는지에 대한 국민적 공감과 호흡을 같이할 수 있는 문화적 개방성을 확대하는 노력이 필요하다. 군은 그동안 자체의 독립적인 기능과 자족기능을 유지해야 한다는 당위성과 이유를 강조해 왔다. 하지만 이러한 목소리는 오히려 군의 발전을 역행하는 결과를 초래하였다. 따라서 이제는 사회문화 환경에 부합된 발전을 이룰 수 있도록 개선되어야 하며, 일반사회와 일정한 경계선을 긋고 별도 특수한 조직으로 계속 분리 및 유지되어야 한다는 우월성도 버려야 한다. 인간의 존엄성과 평등, 정의, 인권을 존중하는 국가의 이념과 가치가 군 병영에 적절하게 용해되도록 하는 등 우리 사회의 문화적 정향에 부합된 군 병영이 새롭게 조형되어야 할 것이다.

제4절 군 병사의 특징

1. 신세대 병사의 특징

군 조직을 이루고 있는 구성원은 모두가 다른 인격체들로 구성되어 있다. 개인의 성장배경과 연령, 성격, 종교, 경제적 수준과 사회적 지위, 가정교육과 생활습관 등에서 서로 다른 개인들로 구성되어 있다. 이들은 장교와 준사관, 부사관, 사병으로 신분이 구분되어 있으며, 연령 및 학력과는 전혀 무관하게 상·하 관계가 계급으로 조직되어 있다. 군 조직의 대부분을 차지하고 있는 병사들은 독특한 개성을 지닌 20대 중심의 세대로서 연령적으로나 성격적으로 기성세대와는 많

은 부분에서 다르다고 할 수 있다. 높은 경제성장과 풍요로운 생활환경으로 편안함을 추구하는 경향성이 있으며, 사이버 상황에 익숙하고 이를 즐기는 특성도 있다(김의영, 2009).

> 신세대 병사의 특징
> ① 개인주의적이다. 사고방식과 행동양식이 자기중심적이다.
> ② 감성적이다. 이성적이기보다는 감성적인 것에 치중한다.
> ③ 실리주의적이다. 외형과 외모를 중시하고 현실을 중시한다.
> ④ 쾌락주의적이다. 힘든 일보다는 즐기며 사는 가치관을 가진다.
> ⑤ 탈권위주의적이다. 권위적인 지시를 거부하며 자유분방함을 좋아한다.

특히, 이들은 주위의 눈치를 보지 않고 자신의 의사를 분명히 표현할 줄 안다. 집단적인 행동보다는 독립적인 개인행동을 선호하며 자기만의 공간에 있는 것을 좋아한다. 또한 외형을 중시하고 외모에 많은 관심을 기울이며, 물건의 실용성보다는 겉모양을 더 중시하기도 한다. 또한 미래를 위해 현재를 희생하며 살아가는 기성세대와는 달리 일정한 틀에 얽매어 사는 것을 싫어하는 특징을 지니고 있다.

2. 신세대 병사가 바라는 기대

신세대 병사들을 바라보는 관점은 앞서 언급한 바와 같이 다양한 시각차가 존재한다. 부족한 것을 모르고 자란 철부지라는 시각에서부터 개인주의적이고 이기적이라고 보는 시각에까지 여러 관점들이 존재한다. 이에 더하여 신세대 병사들이 바라는 기대가 무엇인지를 아는 것은 군 집단상담 과정에서 매우 중요한 요소로 작용한다. 그렇기 때문에 그들의 이야기에 적극적으로 경청해야 함은 물론 그들의 기대가 바람직하게 충족되는 방향으로 상호작용이 이루어지도록 해야 한다. 그렇다면 그들이 군 생활을 하면서 기대하는 것은 무엇인지 살펴보도록 하자.

1) 합리적인 리더십

신세대 병사는 자신을 소중히 여기고 자기가 하고 싶은 것은 어떻게든 시도하려는 특성이 있다. 정치와 사회적인 관심은 대체로 낮으며, 공동체 의식도 비교적 약한 편에 속한다. 사회통념이나 인습에 얽매이지 않으려 하고, 권위주의는 더욱 좋아하지 않는다. 저금리 저성장의 시대를 맞이하여 내면적인 자아실현보다는 출세지향적인 가치에 더 큰 비중을 두는 경향이 나타나고 있다. 자기주장과 자기표현을 좋아하고, 주체적이고 독립된 자기만의 삶을 살아가고 싶어 한다. 군에 입대해서는 개인의 권리와 인격이 존중되고, 계급에 따른 차별 대우가 사라지기를 바라는 것으로 조사되고 있다(국방부, 2013). 특히, 자유 시간에 대한 합리적인 통제가 이루어지고, 개인의 요구사항들을 적극적으로 해결하는 합리적인 리더십을 요구하고 있다.

2) 인간존중과 배려

사람은 누구나 인정과 존중받기를 원한다. 우리 사회는 시간이 지날수록 국민에 대한 존중과 배려, 인간의 권리를 중요하게 여기는 사회로 변화되고 있다. 이러한 사회 변화의 영향을 받고 자란 신세대 병사들은 인격을 존중하는 군대문화를 요구하고, 서로 배려하는 병영이 될 수 있기를 기대한다. 또한 국방의 임무를 묵묵히 수행하고 있는 자신의 존재 가치를 인정받기를 기대한다. 이렇게 군 장병들이 요구하는 존중과 배려, 인정은 집단응집력과 단결심을 강화하여 전투력을 증진하는 효과를 가져온다. 군 집단지도자가 긍정적 존중의 마음으로 집단에 참여한 장병들을 따뜻이 대하고, 집단상담 과정을 친밀감 있게 지도해야 하는 이유가 여기에 있다.

3) 개인의 다양성 존중

기성세대는 개인의 가치를 추구하기보다는 자신이 소속되어 있는 가족과 회사, 국가의 목표를 더 중시하는 경향이 있다. 그리고 이와 같은 목표를 달성하기 위해서는 개인의 욕구와 가치를 기꺼이 희생시켜도 좋다는 의식이 지배적이다. 또한 자신을 독립적인 존재로 인식하기보다는 집단의 한 일원으로 이해하려는 특징이 있다. 다른 사람과의 조화를 중시하며 사회적 규범의 틀이 허용하는 범위 내에서 자신의 위치를 찾고자 노력한다. 그러나 신세대 병사는 가치의 중심을 자기 자신에다 놓고 타인과의 차별화를 매우 중시한다. 즉, 개인이 지닌 다양성이 모두 존중되기를 바란다. 나와 타인이 서로 다른 것은 결코 잘못된 것이 아니며, 그렇다고 나쁜 것은 더욱 아니라는 것을 군 집단구성원 모두가 새롭게 인식하는 병영이 되기를 그들은 기대하는 것이다.

4) 잠재력 발휘 보장

독립적인 개별성을 추구하는 신세대 병사는 자신의 의견이 옳다고 생각되면 서슴없이 표현하는 특징이 있다. 그렇다고 타인으로 하여금 자기를 따르라고 강요하지 않는다. 자신의 잠재력과 가능성을 발견하려는 의지가 매우 강하며 새로운 정보에 대한 관심도 지대하다. 새로운 것에 대한 탐구 욕구가 높을 뿐만 아니라 긍정적인 가능성과 자신감으로 모험에 도전한다(육군본부, 2013). 따라서 자신의 잠재능력 발휘가 보장된 병영이 되기를 그들은 기대하고 있는 것이다. 따라서 군 집단상담 지도자는 이러한 신세대 병사들의 관심과 기대를 집단상담 과정에서 충분히 표출되고 수용되도록 적절한 프로그램을 적용할 수 있어야 한다.

요약

① 군 조직은 임무와 기능, 조직 구조상의 특징, 환경적인 측면으로 구분하여 설명한다. 전쟁의 불확실성과 극한 상황에서 일사불란한 지휘체계를 유지하기 위해서는 희생정신, 명령에 대한 복종심, 강한 전우애와 단결을 필요로 한다. 평상시에는 국민교육의 도장(道場)으로서 건전한 민주시민으로의 자질과 인성을 배양하는 데 노력을 기울인다.

② 군대문화는 일반사회 문화와 다르다. 군대문화는 구성원에게 조직의 일체감을 조성하고, 집단행동을 이끌게 하는 원동력으로 작용한다. 이러한 군대문화는 권위주의와 계급주의에 기반하며 계급에 의한 통합된 질서체계하에서 획일적인 생활양식을 기본으로 한다. 또한 조직의 규율과 질서를 함양하기 위해 형식과 의식을 중요시하고 완전주의와 집단주의를 강조한다.

③ 우리의 국방은 과학기술의 비약적인 발전과 안보환경의 급격한 변화에 능동적으로 대처해야 하는 요구에 직면하고 있다. 이러한 국내외 환경변화를 고려하여 첨단화된 기술 집약형 군대로 거듭나기 위해 혼신의 노력을 다하고 있다. 21C 병영은 서로 존중하고 배려하는 병영으로 발전되어야 한다. 관행적인 악습과 구습이 척결된 문화, 경직되고 폐쇄적인 분위기가 사라지고 잠재력과 창의력이 발휘되는 병영이 되어야 한다.

④ 신세대의 병사들의 특징은 개별적이고 독립적인 성향으로 집단적인 생활보다는 개인적인 행동을 선호한다. 자기만의 공간에 있는 것을 즐기고 자기표현을 중시하며 솔직하다. 자유로운 생활을 좋아하고 통제받는 것을 싫어하며 외모와 외형을 중시한다. 또한 스마트폰과 패션에 관심이 많고 실용성의 물건을 선택하기보다는 외형과 분위기를 중시하며, 폐쇄적이지 않은 개방적인 특징을 지니고 있다.

CHAPTER

2

군 집단상담의 조건

군이 존재하는 목적은 크게 두 가지다. 첫째는 전쟁억지력을 확보하여 전쟁이 발발하는 것을 사전에 예방하는 것이며, 둘째는 전쟁이 발발하면 기필코 승리하여 국가를 지키고 국민의 재산과 생명을 보호하는 것이다. 군은 이러한 존재 목적을 달성하고 국가 가치를 추구하기 위해 여러 가지 집단적인 조건들을 결합시키고 집단의 힘을 강화한다. 전쟁에서 승리하기 위한 전략과 작전계획을 수립함에 있어서도 집단원리를 적극 반영하고 여러 집단적인 조건들을 충족시킨다. 이와 같은 집단의 원리와 집단의 조건 그리고 군 조직의 특수성이 반영되어야 하는 분야가 또 있는데 그것이 바로 군 집단상담의 영역이다.

따라서 본 장은 군 집단상담이 성공적으로 이루어지기 위한 집단의 조건들을 다룬다. 이를 위해 군 집단의 목적을 먼저 살펴본 후, 군 집단의 역동과 군 집단의 변화에 영향을 미치는 요인들을 차례로 살펴보기로 하겠다.

제1절 군 집단상담의 목적

군은 다양한 인적자원을 통합하고, 군의 환경적인 특수성을 뛰어넘는 하나의 일체화된 조직이 될 수 있도록 혼신의 노력을 기울인다. 뿐만 아니라 구성원의 왕성한 사기와 단결, 부대 전투력을 발휘하는 능력을 최상의 상태로 유지하여 군 조직의 목적을 달성하기 위해 노력한다(한국군상담학회, 2009). 군에서 이루어지는 집단상담의 목적에 대해 살펴보자.

1. 기본적 목적

1) 군의 가치와 목표달성

군의 최고 가치는 국가를 지키고 국민을 보호하는 것이다. 전쟁이 없는 평상시에는 전쟁 억지력을 확보하여 전쟁이 일어나는 것을 방지하고, 전쟁이 발발 시에는 기필코 승리하여 국민의 생명을 보호하는 것이다. 이렇게 군은 조직의 가치와 목표를 달성하기 위해 존재하는 집단이다. 전쟁에서 승리하기 위한 전략을 수립함에 있어서도 단위별 집단의 목적을 기본적으로 고려한다. 군의 편성과 구조에 있어서도 집단의 목적을 필수적으로 고려하며, 각종 훈련과 전투준비를 위한 활동에서도 조직의 목적을 달성하는 데 초점을 둔다. 군 집단상담의 궁극적인 목적도 이러한 군의 가치와 목표를 달성하도록 기여하는 데 초점을 둔다.

2) 군 조직구성원의 안전과 보호

군 조직은 조직구성원의 안전과 보호를 위해 위계적으로 집단을 운영한다. 따라서 군 집단활동은 군의 위계를 유지하고, 장병들이 역동적으로 활동할 수 있는 최적의 심리적 상태가 유지되도록 지향한다. 뿐만 아니라 군과 관련한 기밀을 유지해야 하는 특수성이 있기 때문에 개인의 사생활을 강조하기보다는 조직 전체의 안전과 유지를 강화하는 방향으로 조직을 관리하게 된다. 군 집단상담 과정을 진행함에 있어서는 집단규칙을 준수하고 비밀보장 이행을 요구하게 되는데, 이러한 것도 집단에 참여한 장병들을 보호하기 위한 하나의 조치임을 같은 맥락에서 이해해야 한다. 이렇게 군 집단상담의 목적은 조직구성원을 안전하게 보호하기 위한 일련의 집단활동이라 할 수 있다.

3) 개인과 조직의 과업 동시 달성

군 조직구성원이 수행하는 일은 크게 반드시 '해야만 하는 과업(should be)'과 개인 장병이 자유롭게 선택해서 하는 '하고 싶은 일(want to be)'의 두 가지로 구분할 수 있다. 군에서 이루어지는 과업은 이러한 두 가지 과업이 규정의 범위 안에서 조화롭게 이행되도록 하는 것을 중요하게 여긴다(한국군상담학회, 2009). 일반 집단의 경우에도 개인의 창의성과 자율성을 바탕으로 개인이 바라는 일을 하고 아울러 조직의 성과를 달성하는 집단의 일에 자원과 시간을 동시에 투자한다. 이와 마찬가지로 군 집단상담을 진행함에 있어서도 개인과 집단 간의 균형과 조화가 이루어지도록 하는 데 초점을 두며, 전투력이 향상되도록 한다.

4) 장병의 심리적 건강 유지

군은 한계상황을 지속적으로 극복하여 전투력 향상이라는 생산적인 목표를 달성해야 하는 집단이다. 정확히 예견할 수 없는 전쟁을 준비해야 한다는 것은 끊임없는 한계 상황을 돌파하고 미래에 유연하게 대응하는 능력이 필요함을 시사한다. 따라서 군 집단은 사기와 군기, 싸워 이길 수 있는 신념, 국가관, 사명감과 같은 집단적 긍정심리의 수준을 높이 끌어올리는 데 목적을 둔다. 이러한 입

장에서 군 장병들의 심리적 건강을 유지하기 위한 군 집단상담의 필요성이 더욱 높아지게 되는 것이다.

2. 부가적 목적

군 조직의 부가적인 목적은 집단 수준의 심리적 요소를 강화하는 것이다. 군 집단상담은 서로 다른 배경과 다양한 성격, 경험을 가진 장병들이 함께 생활함으로써 군 생활에 대한 풍부한 학습 경험을 제공한다. 집단구성원들이 서로의 관심사를 터놓고 이야기 할 수 있는 여건이 구비되면 차츰 집단의식의 발달이 이루어진다. 위계적인 상황에서도 역동적인 상호작용이 이루어지게 되면 집단응집력과 집단신뢰감, 집단자존감이 증진되어 한 차원 높은 전투력 유지가 가능하게 된다. 군 집단상담은 이러한 집단적 차원의 심리적 요소를 강화하는 활동이 되는데 이를 좀 더 살펴보자.

1) 집단응집력 향상

집단응집력이란 구성원이 소속되고자 하는 욕망의 정도를 말하는데 응집력이 높은 집단은 낮은 집단의 구성원에 비해 집단에 대한 관심을 높게 가진다(박창섭, 2008). 또한 집단응집력은 구성원의 협력과 팀워크, 과제수행에 대한 구성원 전체의 참여와 결속을 의미하는 것으로, 구성원 사이에 형성되는 상호작용의 힘이 크게 작용한다. 군에서 많이 사용하는 화합과 단결이라는 용어는 집단응집력과 유사한 용어라고 할 수 있다.

특히, 집단응집력은 전투력을 강화하고 군의 중요한 임무를 달성하는 데 핵심적인 요소로 작용한다. 군 집단상담은 군에서 이루어지는 여러 집단활동의 하나로서 이러한 집단응집력을 강화하는 데 기여한다. 집단에 참여한 장병들 간 상호작용을 통해 소속감을 증진하고, 집단에서 함께 보내는 시간을 통해 친밀감을 형성하며, 상호 간 이해심을 높여 주기 때문이다.

2) 집단신뢰감 증진

집단에 대한 신뢰는 조직의 안정과 집단구성원의 안녕(well-being)에 긍정적인 영향을 미친다. 특히, 군 조직에서의 집단신뢰감은 전투에 필수조건이라고 할 수 있을 정도로 매우 중요한 요소가 된다. 집단신뢰가 군 전투력의 핵심요소가 되는 이유는 집단 내 장병 상호 간 의사소통을 촉진하여 갈등을 최소화하고, 집단효과성을 향상시키며, 인간 중심적인 집단분위기 형성이 가능하기 때문이다. 따라서 군 집단상담 장면에서 집단신뢰감을 형성하고 이를 향상시키게 될 경우에 장병들의 단결력을 높게 유지할 수 있다(심윤기, 2014).

집단신뢰감과 더불어 군 집단상담은 대인신뢰감을 향상하는 데에도 기여한다. 대인신뢰감은 같은 집단 내에 있는 다른 장병에 대해 갖게 되는 개인적 범위의 신뢰를 말한다. 군 조직에서는 신뢰 대상에 따라 상관신뢰와 부하신뢰 및 동료신뢰로 구분하며, 대상자의 지위에 따라 상관 및 부하에 대한 수직적 신뢰와 동료에 대한 수평적 신뢰로 구분하기도 한다. 군 집단상담은 이러한 대인신뢰감을 높게 증진하여 상호 존중과 배려 중심의 병영을 유지하는 데 큰 역할을 한다.

3) 집단효능감 배양

집단효능감은 자신이 속한 집단이 능력이 있다고 믿는 정도를 말한다. 자신이 속한 집단을 능력이 있는 집단이라고 지각하는 것은 현재의 집단생활과 관련하여 전반적으로 만족하고 있다는 것을 의미한다. 이는 지휘관을 중심으로 사기, 군기, 단결 등 조직화된 의지력으로 굳게 뭉쳐 부여된 임무를 능동적으로 완수할 수 있게 한다. 또한 자진하여 어려움에 임하고 즐거이 그 직책을 수행하는 군인의 긍정적인 정신 기제인 사기를 왕성하게 하는 원동력이 되기도 한다.

뿐만 아니라 군 집단효능감은 군인정신, 직무만족, 집단몰입, 전문성, 응집력

등 많은 심리적 요소에 긍정적인 영향을 주며, 지휘체계를 확립하고 질서를 유지하며 일정한 규율에 따르게 하는 군기를 확립하는 데에도 도움을 주고, 전원이 한마음 한뜻으로 뭉쳐 준법정신, 희생정신, 상호이해를 바탕으로 한 공동의 목표를 달성하는 데에도 기여한다. 군 집단상담은 이러한 집단효능감 배양을 촉진하여 집단목표를 달성하는 데 크게 기여하게 된다.

4) 집단자존감 증진

집단자존감은 자신이 속한 집단의 가치에 대해 개인이 어떻게 생각하고 있는가를 의미하는 것이다. 반면, 개인자존감은 개인으로서 자신의 가치에 대해 어떻게 평가하는가를 의미한다. 이러한 정의에 따르면 군 집단자존감은 특정한 부대에 소속된 개인 자신에 대한 인식이며, 사회적 관계 속에서 발생하는 맥락을 통해 이루어지는 것임을 알 수 있다. 이는 독립된 개인으로서 자신의 가치에 대해 평가하는 개인자존감보다도 자신이 속한 부대에 대해 갖는 집단자존감이 장병의 심리적 적응과 건강한 군 생활을 영위하는 데 더 긍정적으로 작용한다(심윤기, 2014).

군 집단상담은 장병의 집단자존감을 증진하는 데 중요한 역할을 한다. 사단 힐링캠프와 군단 그린캠프에 입소한 장병들의 개인자존감과 집단자존감을 증진하는 데에도 많은 도움을 준다. 장병 각자가 자기 모습에 대한 이해와 통찰을 확장하고, 함께 군 생활하는 동료들을 수용하도록 할 뿐만 아니라 자신이 속한 집단의 가치평가에도 높은 점수를 부여하여 집단의 목표를 달성하는 데 기여한다.

제2절 군 집단상담의 조건

집단이란 어떤 목적을 달성하기 위하여 두 사람 이상이 모인 그룹을 뜻한다.

어떤 불특정한 다수의 비형식적인 모임이나 계속적으로 활동하지 않는 모임, 공동의 목적이 없는 단순한 모임은 집단이라 하지 않는다. 집단상담이 되기 위해서는 그에 상응하는 집단의 조건이 충족되어야 하는데 그것은 공동의 목표를 추구해야 되고, 역동적인 상호관계와 효과적인 의사소통이 이루어져야 된다. 이외에도 집단상담이 이루어지기 위해 갖추어야 할 조건들이 있는데 이를 살펴보기로 하겠다.

1. 일반적 조건

어떤 모임이 하나의 집단이 되기 위해서는 여러 가지 조건이 충족되어야 한다. 집단이 되기 위한 일반적 조건에 대해 집단상담과 관련지어 살펴보면, 우선 공동의 목표가 있어야 하고, 집단원의 참여가 이루어져야 된다. 또한 집단을 통해 자신의 욕구를 충족하기 위한 기대와 동기가 있어야 하고, 집단의 규준이 지켜져야 한다(강기호 외, 1987).

집단상담의 일반적 조건

① 집단의 공동목표가 추구되어야 한다.
② 집단의 정기적이고 지속적인 모임이 유지되어야 한다.
③ 집단과정 및 활동에 대한 규준이 이행되어야 한다.
④ 집단을 통한 개인의 욕구충족 의지가 높아야 된다.
⑤ 집단원의 자발적인 참여가 있어야 된다.

군 집단상담을 행동변화를 위한 하나의 학습과정으로 설명한다면, 군 집단상담은 집단에 참여한 장병들의 행동이나 태도변화를 위한 공동의 목표를 가져야 되며, 아울러 일정 기간 동안 집단활동이 지속적으로 이루어져야 된다. 집단상담에 참여한 장병 자신의 욕구충족을 위한 참여의식을 지녀야 함은 물론 서로의

상호작용과 신뢰를 충분히 경험할 수 있는 집단분위기가 되어 있어야 한다. 이렇게 될 때 군 집단상담 과정에 참여한 장병들은 집단을 결성한 이유와 활동목적을 정확히 이해할 수 있고, 공동목표를 달성하기 위한 집단활동에도 적극 참여하게 된다. 또한 집단에 참여한 장병들 간에도 의미 있는 상호작용이 이루어져 여러 가지 병영의 갈등을 효과적으로 처리할 수 있게 되며, 성장과 행동변화를 위한 능력을 스스로 발달시키게 된다.

2. 활동적 조건

1) 정상의 집단원이 참여해야 한다

집단상담은 구성원에게 집단상담의 목적과 방향을 알 수 있도록 관련 정보를 제공해야 한다. 아울러 집단상담의 목적을 달성하기 위해 여러 가지 집단규준과 규칙을 정하며, 이러한 규칙 범위 안에서 서로의 가치관과 삶을 비교해 보는 과정의 시간을 갖는다. 자신의 신념과 생활양식, 행동에 대해서 새로운 각도로 조망해 보기도 하며 바람직한 모습으로 변화를 시도하게 된다(강진령, 2011).

집단상담의 목적을 달성하기 위한 집단원의 자격은 최소한 집단활동을 할 수 있는 능력을 갖춘 사람들이어야 한다. 자율적이고 독립적인 생활을 할 수 있을 정도의 지적 수준과 정신상태 그리고 기본적인 자기관리능력이 있어야 가능하다. 군에 입대한 장병들은 모두 집단상담에 참여할 수 있는 자격과 능력을 갖춘 자들이다. 정신적인 결함이나 성격적인 장애가 있는 사람은 병무청에서 이루어지는 징병검사로부터 신병교육대, 자대 전입에 이르는 동안 다양한 방법과 식별도구로 선별되기 때문이다.

2) 역동성이 발현되어야 한다

군 집단이 성공하려면 역동성이 나타나야 한다. 역동성이란 활발하게 움직이

는 성질이나 특성을 말하는데, 따라서 이는 아무 때나 나타나지 않는다. 집단원의 명확한 역할이 바탕이 될 때 형성되며, 집단원의 행동을 조정하고 촉진하는 활동이 이루어질 때 만들어진다. 또한 집단의 안정적인 분위기와 집단원의 상호작용이 역동성에 큰 영향을 주며, 집단원의 자발적인 참여도 매우 중요하다.

따라서 군 집단지도자는 집단의 역동성이 촉진될 수 있도록 힘써야 한다. 집단에 참여한 장병들이 허심탄회하게 이야기를 털어놓도록 허용되고 안정된 집단 분위기를 조성해야 한다. 또한 계급이나 직책을 이용함이 없이 항상 장병들의 느낌이나 생각을 이해하고 공감하는 따뜻한 태도를 보여야 한다. 장병 상호 간에도 평가나 비난의 말을 하지 않도록 주의해야 함은 물론, 집단과정에서 장병이 해야 할 역할과 태도를 정확히 이해하고 실천하도록 해야 역동적인 군 집단상담을 기대할 수 있다.

3) 상호작용이 활발하게 이루어져야 한다

군 집단상담이 생산적이고 성과적으로 이루어지기 위해서는 상호작용이 잘 이루어져야 한다. 상호작용은 둘 이상의 사람이 서로 영향을 주고받는 방식으로 교류하는 것을 뜻하는데, 심리적인 상호작용은 집단원 사이에 공유된 정체감, 우리라는 집단의식과 소속감이 있어야 나타난다. 아울러 집단의식은 집단의 한 일원으로 인정받는 소속감을 느낄 수 있게 하고, 집단의 규칙을 스스로 따르고자 하는 노력을 기울이게 한다.

이처럼 상호작용이 원활하게 이루어지는 군 집단상담이 되기 위해서는 집단지도자의 역할이 매우 중요하다. 집단지도자는 먼저 집단원인 장병에게 관심을 기울이는 것부터 잘 할 수 있어야 한다. 장병들은 자신에게 관심을 기울여 줄 때 가장 기분이 좋으며 이에 영향을 받아 상호작용을 잘 할 수 있게 되는 것이다. 그러나 관심을 받지 못하면 무시당하는 느낌을 받게 되어 말을 하지 않고 침묵하는 모습으

로 나타날 수 있다. 따라서 군 집단지도자는 활발한 상호작용을 하는 데 걸림돌이 되는 것이 무엇인지를 지속적으로 탐색하고 이를 신속히 제거할 수 있어야 한다.

4) 의사소통이 수평적으로 이루어져야 한다

집단상담은 활발한 의사소통을 전제로 한다. 집단상담에서의 의사소통은 언어적 방식과 비언어적인 방식으로 이루어지게 된다. 한 연구에 의하면 입을 통해 표현되는 언어적 방식은 7%의 영향력을 가지는 반면, 얼굴 표정이나 말의 크기, 몸짓, 자세와 같은 비언어적 방식은 93%의 영향력을 가진다고 하였다(Mehrabian, 1972). 또 다른 연구에 의하면 메시지가 전달되는 말과 비언어적 수단의 비율은 35대 65의 비율로 나타난다고 주장되기도 하였다(Ellenson, 1982).

이러한 연구결과는 언제 어디서나 동일하게 적용된다고는 볼 수 없으나 집단상담의 의사소통 방식 중 비언어적 수단의 중요성이 크다는 것을 짐작할 수 있다. 그래서 군 집단상담의 목표를 효율적으로 달성하기 위해서는 앞서 제시한 연구결과가 시사하는 바를 잘 이해해야 한다. 집단에 참여한 장병들의 의사소통은 말로 표현되는 내용만이 아닌 전반적인 비언어적인 요소를 함께 살펴야 한다는 점이다. 또한 집단 내 의사소통은 지도자를 통한 간접적인 대화방식이 아닌 직접적인 방식으로 이루어질 필요가 있는데, 그것은 대인관계에 긍정적인 영향을 주기 때문이다.

군은 임무수행을 위해 위계적으로 조직되고 상명하복의 단일체계로 운영되어야 하는 당위성이 있다. 이러한 이유로 집단상담의 초기과정에서는 개방적이고 허심탄회한 의사소통이 원활하게 나타나지 않을 가능성이 있다. 또한 의사소통 방식이 수평적이 아닌 수직적인 방식으로 나타날 수 있다. 따라서 군 집단지도자는 집단상담이 이루어지기 전, 집단에 참여할 장병들을 대상으로 집단목표를 달성하기 위한 효과적인 대화 기술과 의사소통 방법에 대해 설명하고 논의하는 시간을 가질 필요가 있다.

제3절 군 집단상담의 역동

모든 집단에는 단일한 힘만이 작용하는 것이 아니라 복합적인 힘이 작용한다. 그래서 두 사람 이상의 사람이 함께 모여 활동할 때는 필연적으로 집단역동이 생기게 된다. 집단역동은 하나의 공통 장면 또는 환경 안에서 일어나는 상호작용의 힘이자 상호관계를 말한다(Dinkmyer & Muro, 1979). 다시 말해, 집단지도자와 집단원 간 또는 집단원과 집단원 간 일어나는 상호작용의 에너지이자 집단에 작용하는 상호관계의 힘이 되는 것이다. 집단상담은 이러한 힘에 의하여 변화되고 특정한 방향으로 발달한다. 그렇기 때문에 군 집단지도자는 이러한 집단역동을 잘 감지하여 바람직한 방향으로 집단역동이 지향되도록 해야 한다. 군 집단의 역동에 영향을 주는 요인을 살펴보겠다.

1. 상담계획 요인

1) 명확한 집단의 목적

집단지도자와 집단원이 모두 집단의 목적을 명확하게 이해하고 있느냐의 여부가 집단역동에 영향을 미친다. 집단의 목적을 상실하여 목적과 상관없는 주제를 선정한다든가 아니면 집단의 방향과 무관한 활동을 하게 되면, 그것은 시간과 노력의 낭비일 뿐만 아니라 집단에 참여한 사람들에게 큰 실망을 안겨 주기까지 한다. 따라서 집단지도자는 집단의 목적을 분명하게 수립하고, 자신과 집단원이 집단의 목적에 적합하게 행동하고 있는지를 지속적으로 평가해야 한다.

군 집단상담은 집단의 목적에 부합된 활동이 이루어질 수 있도록 사전에 리허설과 같은 예행연습을 한다. 집단상담에 참여시키기 위해 사전 선정된 장병들을 대상으로 집단의 목적과 절차, 역할 등을 자세히 설명하는 시간을 갖는다. 그것은 집단에 참여하는 장병에게 집단의식을 고취시키기 위한 목적도 있지만, 집단

의 목적을 분명히 인식하게 하여 집단역동의 효과를 높이기 위한 목적도 있다.

2) 적절한 크기의 십난

일반 집단상담은 집단원의 성별, 연령, 학력, 결혼 유무, 직업, 종교 등의 요인이 집단역동에 영향을 준다. 하지만 군 집단상담의 경우에는 소속, 계급, 동기, 서열, 입대일, 전역일, 휴가 등의 요인이 집단역동에 영향을 미친다. 집단의 크기는 너무 많은 인원으로 구성하게 되면 개인에게 주어지는 시간이 적어 집단의 상호작용이 원활하게 나타나지 않을 수 있다. 또한 집단분위기가 산만해질 수 있으며 집단응집력이 약화되는 결과를 초래할 수 있다. 반면, 크기가 너무 작은 경우에는 집단상담에 참여하는 것이 부담되어 능동적이지 못한 행동을 보이는 등 집단역동에 부정적인 영향을 미칠 수 있다. 따라서 군 집단지도자는 집단이 시작되기 전에 집단의 크기를 선정하되 집단역동을 고려하여 적절한 크기로 선정해야 한다.

통상 군 집단상담의 크기는 군 조직의 건제유지 편성을 활용하게 되는데 대부분 분대 편성을 적용한다. 분대는 전투를 효율적으로 가능하게 하는 최소 단위 부대라서 모든 부대에서는 분대단위 활동을 강조한다. 부대의 훈련과 병영생활도 분대 단위로 이루어질 뿐만 아니라 식사를 위해 식당으로 이동할 때도 분대 단위로 이동을 하게 된다. 따라서 집단원을 구성하게 될 경우에는 분대 단위로 편성하는 것이 효율적이다. 분대 편성인원은 병과마다 상이하고, 전후방 부대에 따라 다르게 편성되어 있지만 통상 1개 분대 인원이 6~12명으로 편성되어 있어 집단역동이 일어나는 데 적절하다.

3) 집단 회기와 빈도수

집단상담의 회기 길이도 집단역동에 영향을 미친다. 회기의 길이가 짧으면 개인이 참여할 수 있는 시간이 부족해 집단원의 불만이 발생할 수 있는 반면, 회기의 길이가 너무 길게 되면 참여의식이 약화되어 집단역동에 부정적인 영향을 미칠 수 있다. 또한 집단의 회기를 얼마나 자주 갖는가 하는 것도 집단역동에 영향을 준다. 대체로 회기의 길이는 2~3시간이 일반적이며, 회기의 주기는 주로 일주일에 1~2회기에서 최대 5회기까지 이루어진다.

군에서는 집단상담의 회기 길이를 2시간 이내로 하는 것이 일반적이다. 그 이유는 엄정하게 지켜야 하는 일과시간 규정 때문이다. 군에서 실시하는 집단상담 시간도 다른 일과와 동일하게 취급되어야 하고, 동일한 일과시간 규정 안에서 이루어져야 한다. 부적응 장병들의 심리적 소진을 회복하는 장소라 할 수 있는 병영캠프에서는 일반 부대와 다르게 2시간 넘게 회기시간을 갖기도 한다. 군 집단상담의 회기 빈도는 일주일에 3회 이상을 넘기지 않는 것이 일반적이지만, 병영캠프에서는 입소인원과 캠프 상황에 따라 일주일에 5회기 이상의 빈도를 갖기도 한다.

4) 상담 시간과 장소

하루 중 어느 시간대에 집단모임을 하느냐에 따라서도 집단역동은 달라진다. 일반 성인들로 구성되는 일반 집단의 경우에는 통상 토요일이나 일요일 낮에 하는 경우가 많으며, 평일에는 일과가 끝난 저녁시간에 하는 것이 일반적이다. 이렇게 집단의 모임은 대상과 상황에 따라 다르고 어느 시간대에 하느냐에 따라서도 차이가 난다. 군부대의 경우에는 수요일 오전에 이루어지는 정신교육 시간을 이용하는 경우가 가장 많다. 반면 오후 4시에 편성되어 있는 지휘관 시간을 활용하는 경우도 종종 있긴 한데, 이는 일과시간의 종료와 함께 곧바로 이어지는 저녁식사를 준비해야 하는 관계로 상담활동에 집중하기가 어려워 집단역동이 기대에 못 미치기도 한다.

집단모임의 장소도 집단역동에 영향을 준다. 집단모임의 장소로는 일반적으로 방음시설이 잘 되어 있고, 집단구성원들이 안전감을 느낄 수 있는 공간이어야 한다. 조명과 채광, 실내 구조물의 배열과 정돈상태, 의자 등도 집단역동에 영향

을 미칠 수 있다. 군부대에서는 일반적으로 생활관에서 집단상담을 하는 경우가 대부분인데, 그 이유는 집단역동뿐만 아니라 상담과정을 진행하기가 수월하기 때문이다. 간혹 지휘관실이나 주임원사실에서도 집단상담이 이루어지기는 하나 자주 걸려오는 전화 때문에 집단역동을 기대하기가 어렵다. 생활관에서 하는 경우에는 그곳에 구비되어 있는 의자에 둘러앉아 진행하면 별문제가 없지만, 체력단련장이나 종교시설 등에서 하게 되는 경우에는 서로를 잘 알아볼 수 있도록 원형의 상태로 둘러앉아 하는 것이 집단역동을 위해 좋은 방법이다.

2. 의식적 요인

1) 높은 참여의식

집단에 참여하게 된 동기가 자발적인지 아니면 비자발적인지에 따라서도 집단 역동에 큰 차이가 난다. 일반 집단상담에서는 집단원 스스로 자발적으로 집단에 참여하는 경우가 대부분인데, 이런 경우에는 집단역동 수준도 높게 유지될 가능성이 있다. 이와 달리 군 집단상담의 경우에는 비자발적으로 집단에 참여하는 경우가 대부분이어서 집단상담에 참여하는 동기수준이 매우 저조한 상태다. 따라서 군 집단지도자는 집단에 참여한 장병들의 참여의식을 고취하기 위해 집단상담이 이루어지기 전 오리엔테이션을 마련하고, 상담과정 중에는 집단역동이 높은 수준으로 유지될 수 있도록 다양한 상담프로그램을 적용해야 한다.

2) 왕성한 책임의식

책임감은 참여의식과 함께 집단역동에 큰 영향을 미치는 또 하나의 요인이 된다. 책임의식을 가진 사람은 정신적으로 건강한 사람을 의미한다. 따라서 이들은 집단상담 과정에서 적극적이고 능동적으로 참여하는 경향이 있으며, 외적 환경이나 상황이 변하기만을 기다리지 않고 자신이 먼저 스스로 선택하고 행동한다. 집단에 참여한 장병이 자율적으로 내린 선택과 결심은 자신의 행동에 대한 책임을 수용하려는 특징이 있는데, 이는 집단역동을 촉진하는 원리로 작용됨과 동시에 이를 능동적으로 실천하게 하여 성장을 촉진한다.

3) 강한 연대의식

일반 집단상담의 경우에 집단역동에 영향을 주는 요소로는 집단의 배경, 집단의 참여형태와 의사소통의 형태, 집단분위기, 집단행동의 규준, 집단원의 사회적 관계유형, 하위집단의 형성, 지도성의 경쟁, 신뢰수준 등이 강조된다(이형득 외, 2010). 어떤 집단에서는 집단원 간에 한 번 만났는데도 수년간 함께 지내 온 사람처럼 행동하기도 하고, 반대로 어떤 집단에서는 같은 부대에서 오랜 기간 동안 함께 생활했으면서도 관계유지에 어려움을 겪기도 한다. 이러한 것은 연대의식이 영향을 미치기 때문으로 볼 수 있다. 따라서 군 집단지도자는 이에 대해 민감한 주의를 기울여 집단상담이 진행되는 동안 강한 연대의식이 유지되도록 해야 한다.

3. 집단역동의 감지

군 집단지도자는 집단에서 일어나고 있는 역동을 빨리 감지하여 이들을 생산적인 방향으로 이끌 수 있어야 한다. 집단지도자가 집단역동을 감지하기 위해서는 집단원에 대한 참여의식과 집단의식, 신뢰수준 등의 여러 가지 요소를 고려하여 관찰해야 한다. 그러나 집단에서 생성되는 역동은 관찰 가능한 것과 그렇지 못한 것이 있으므로 이에 주의해야 한다. 집단역동을 감지하기 위해서는 집단원 사이에 주고받는 대화 내용과 함께 비언어적인 행동에도 주의를 기울여야 하며, 다음과 같은 사항이 고려되어야 한다.

- 집단의 목적을 잘 알고 있는가?
- 집단원은 서로 어떻게 반응하는가?
- 말하는 사람과 듣는 사람은 주로 누구인가?
- 집단원의 소속감과 참여의식은 어느 정도인가?
- 집단원은 자신에 대해 어떤 느낌을 갖고 있는가?
- 집단원은 다른 집단원에게 어떤 감정을 보이고 있는가?
- 집단원이 집단지도자에게 어떠한 태도를 보이고 있는가?

제4절 군 집단의 변화요인

우리는 본 장 3절에서 집단의 성격과 방향에 영향을 미치는 복합적인 힘을 집단역동이라고 설명한 바 있으며, 집단역동에 영향을 미치는 요인도 함께 살펴보았다. 이 절에서는 결성된 집단이 특정한 방향으로 변화해 가는 데 영향을 미치는 요인을 살펴보도록 하겠다.

1. 주요 변화 요인

1) 안정되고 따뜻한 집단분위기

집단원이 집단 내에서 자기를 탐색하고 개방하기 위해서는 집단분위기가 안정감 있게 형성되어야 한다. 집단원 상호 간 솔직한 대화를 주고받으며, 개인의 다양성을 이해하고 수용하기 위해서는 집단분위기가 안정되어야 한다. 즉, 어느 것에도 억압받지 않고 어떠한 비난도 없이 자유롭게 행동할 수 있으려면 집단분위기가 따뜻하고 수용적이어야 가능하다. 아울러 이는 집단의 변화를 동시에 가져오게 한다. 따라서 군 집단상담은 일반 집단상담보다 집단분위기를 안정감 있게 조성되도록 하는 데 더 많은 관심과 노력을 기울여야 한다.

앞서 제1장에서도 언급한 것처럼 군대는 위계적인 조직체계로 운영되기 때문에 부대 분위기가 일반 사회보다 경직되어 있는 것이 사실이다. 특히, 훈련을 앞두고 있거나 상급부대의 불시 검열과 지도방문에서 지적 및 시정지시를 받게 되는 경우에는 그 부대의 분위기가 무겁게 가라앉게 된다. 따라서 군 집단지도자는 이러한 부대상황으로 인하여 집단분위기가 침체되어 있을 경우에는 오리엔테이션과 같은 활동을 적극 도입하고, 프로그램 중간중간에 집단분위기를 편안하고 안정감 있게 조성하여 집단분위기의 변화를 유도해야 한다.

2) 집단참여자에 대한 신뢰

집단상담 과정에서는 합리적이지 못한 언행과 인간존중의 기본적인 태도가 결여된 어떠한 형태의 모습도 배제되어야 한다. 또한 집단원 상호 간의 신뢰감이 형성되어야 집단상담의 성공을 기대할 수 있다. 다시 말해, 집단원 간의 신뢰수준이 집단상담 성공에 주요 요소로 작용한다. 그렇기 때문에 집단지도자는 집단의 신뢰수준을 주의 깊게 살펴보고, 보다 높은 수준으로 끌어올려 집단의 변화를 가져올 수 있도록 힘써야 한다(이형득 외, 2010).

군 집단상담은 일반 집단상담의 경우보다 집단원 상호 간 신뢰감을 유지하기가 더 어렵다. 그 이유는 군 조직이 개방적이지 못한 것도 있겠지만 군 집단지도자가 평소 장병들에게 자주 질책했던 직속상관이었다면 더욱 신뢰감을 유지하기가 어려워진다. 또한 자신을 괴롭혔던 선임 병사가 집단에 함께 참여한 경우도 마찬가지다. 이와 같은 경우에 집단에 참여한 장병은 상담과정에서 자신에게 무슨 일이 잘못되지는 않을까 하는 우려와 불안으로 심리적인 안정감을 유지하기가 어렵다. 따라서 군 집단지도자는 집단 초기과정부터 집단에 참여한 장병들 상호 간 신뢰감을 형성하는 데 높은 관심을 기울여야 한다.

 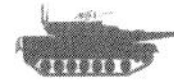

3) 변화에 대한 기대

변화에 대한 기대는 곧 희망이다. 인간은 과거에 만들어진 희생물이 아니라 자신 스스로 변화하고 발전할 수 있는 가능성과 잠재력을 가진 존재다. 따라서 변화에 대한 믿음과 의지가 있을 때 성장과 발전을 가져올 수 있으며, 스스로 선택하고 결정한 것을 책임질 수 있게 된다. 또한 지금까지 불가능하게 여겨졌던 일들도 집단에 참여한 장병들과 서로 긴밀한 상호교류를 하게 됨으로써 새롭게 변화될 수 있는 것이다.

변화에 대한 기대는 집단상담 장면뿐만 아니라 군 입대 후 적응에 어려움을 겪고 있는 장병에게도 치료적 요인으로 작용한다. 변화에 대한 믿음을 지닌 장병은 복무 부적응의 어려움을 자신이 통제할 수 없는 군 환경 탓으로 돌리지 않고, 내가 변화하여 극복할 수 있는 것으로 여겨 의지와 용기를 갖는다. 따라서 군 집단지도자는 집단을 변화하게 하는 요인이 장병들의 변화에 대한 기대와 믿음이라는 것으로부터 출발한다는 것을 잊지 말아야 한다.

4) 집단응집력의 발현

집단응집력이란 집단원이 우리라는 의식을 가지고 집단 내에서 적극적이고 능동적으로 일심동체가 되려고 하는 정도를 말한다. 나는 혼자가 아니고 집단의 소중한 일원이라고 지각하는 것으로부터 생성되는 집단응집력은 스스로에게 희망을 갖게 하고, 집단이 변화되도록 하는 윤활유 역할을 한다. 집단응집력은 집단분위기가 안정되고 집단원의 피드백이 잘 이루어지게 하며, 지금-여기에 초점이 맞추어질 때 더욱 높은 수준으로 증진된다. 군 집단상담 과정에서 높은 수준의 집단응집력이 발휘되면 다음과 같은 긍정적인 반응이 나타난다.

① 집단상담 과정에 적극적으로 참여한다.
② 자기 자신의 느낌을 적극적으로 개방하고 표현한다.
③ 진솔하게 피드백을 교환하고 따뜻하게 직면한다.

④ 다른 관점과 각도에서 타인을 이해, 수용하려고 노력한다.
⑤ 집단의 문제를 해결하려고 적극적이고 능동적으로 노력한다.
⑥ 다른 집단원과 가까워지기 위해 노력하고 깊은 관계를 맺으려고 한다.

5) 지금-여기에 초점

집단상담은 지금-여기에서 현존하는 모든 것을 그대로 이해하는 학습이다. 이미 지나간 것을 이해하려는 것이나 지금이 아닌 미래의 생각은 집단상담의 조건에서 배제된다. 따라서 집단원은 각자의 생활 문제를 효율적으로 해결할 수 있다는 전제 아래 현재 자신이 어떻게 느끼고 경험하고 있는가를 탐색하는 데 역점을 두어야 한다. 너와 나의 느낌과 너와 나의 생각, 너와 나의 행동을 상호 간에 관찰하고 분석하는 과정을 통해 피드백을 나눌 수 있어야 한다. 또한 지금-여기에서의 자기 존재에 대한 자각을 확대시키는 것이 중요하며, 이는 곧 집단의 변화를 촉진하는 원동력으로 작용한다.

만약, 군 집단지도자가 지금-여기가 아닌 과거에 일어난 거기-그때에 초점을 맞추게 된다면 집단의 변화는 기대하기 어렵다. 군 집단상담에서 지금-여기는 현재 군 생활을 하고 있는 곳이다. 실제 군 생활하고 있는 동안 자신에게 발생되는 현실적인 일과 아울러 군 복무를 이행하는 데 영향을 주는 개인적인 일들이 여기에 포함된다. 즉, 위계적인 군 생활 속에서 나타나는 대인관계의 일, 새로운 병영문화를 혁신하는 일, 인간 존중과 배려 및 용서 등을 통하여 변화를 시도하는 일 등이 지금-여기에 해당된다.

① 집단은 어떤 목적을 달성하기 위해 두 사람 이상이 모인 그룹을 의미한다. 어떤 불특정 다수의 모임이나 목적이 없는 무작위의 집합은 집단으로 규정하지 않는다. 집단이 되기 위해서는 그에 상응하는 조건이 충족되어야 하는데 효과적인 의사소통, 상호작용, 역동성 등이 이에 해당한다.

② 군 집단상담은 서로 다른 배경과 성격 그리고 다양한 경험을 가진 구성원들이 자리를 함께함으로써 대인관계 및 의사소통에 대한 학습경험을 제공한다. 또한 서로의 관심사나 감정을 터놓고 이야기할 수 있는 조건이 구비되면 소속감과 연대의식을 발달시키게 된다. 특히, 군 집단상담은 위계적인 상황에서도 역동적인 대인관계의 과정이 촉진될 수 있도록 기여하고, 상호교류를 통해 집단응집력과 집단신뢰감, 집단자존감을 증진시켜 전투력을 강화하는 데 기여한다.

③ 두 사람 이상의 사람이 함께 모여 활동할 때는 필연적으로 집단역동이 생긴다. 집단역동이란 하나의 공통 장면 또는 환경 안에서 일어나는 상호작용의 힘이자 상호관계를 의미한다. 집단지도자와 집단원 간 또는 집단원 상호 간에 일어나는 상호작용의 에너지이자 집단에 작용하는 상호관계의 힘이 된다. 집단역동에 영향을 미치는 요인에는 명확한 집단의 목적과 적절한 크기의 집단 규모, 집단의 회기와 빈도수, 높은 참여의식과 왕성한 책임의식, 강한 연대의식 등이 있다.

④ 집단상담은 집단 내에서 집단에 참여한 사람들의 상호작용을 통하여 자신을 발견하고 수용 및 개방할 수 있도록 돕는 것이다. 따라서 지금-여기(here-and-now)에서의 행동과 경험에 초점을 두어야 집단의 변화를 가져올 수 있게 된다. 이외에도 집단의 변화에 영향을 미치는 요인은 안정되고 따뜻한 집단분위기, 참여자에 대한 깊은 신뢰, 변화에 대한 큰 기대, 높은 수준의 집단응집력 등이 강조된다.

CHAPTER 3

집단상담의 이론적 모형

집단상담이론은 집단지도자가 집단상담을 진행하는 데 있어 활용할 수 있는 지침이다. 어떤 집단에게 무엇을 어떻게 적용할 것인가를 계획하는 기초가 되고, 상담방향을 결정하는 데 도움을 주는 나침반이 된다. 또한 상담의 목표와 기법을 적용하는 틀을 제시해 주며 상담결과를 평가하는 데에도 타당한 근거를 제공한다. 이렇게 집단상담이론은 집단지도자가 활용하는 상담기술과 방법론의 근거가 되고, 전체 과정에 대한 밑그림을 그려 주기 때문에 이론을 정립하지 못하고 집단상담을 지도한다는 것은 매우 위험할 수 있다.

집단상담에 대한 이론적 모형은 다양하다. 따라서 이 장에서는 많은 집단상담이론을 모두 다룰 수가 없어 정신분석 집단상담과 행동주의 집단상담, 인간 중심 집단상담, 현실치료 집단상담으로 제한하여 살펴보고자 한다.

제1절 정신분석 집단상담

정신분석은 프로이트(Sigmund Freud)에 의해 창시된 이론이다. 프로이트는 정신(psycho)과 분석(analysis)의 합성어로 이루어진 정신분석이라는 용어를 1896년 처음 사용하였다. 정신분석이론이 만들어진 20세기 초에는 집단상담에 활용할 수 없을 것이라 생각하였으나, 20세기 중반부터 집단상담 및 치료에 적용 가능성을 인정받아 지금까지 활용되고 있다. 정신분석에서 주장하고 있는 인간에 대한 기본관점과 주요 개념, 상담적용 방법 등을 살펴보기로 하겠다.

1. 인간에 대한 기본 관점

프로이트는 인간을 비관적이고 결정론적이며 환원론적인 관점에서 바라보았다. 인간은 근본적으로 비도덕적이고 비합리성을 지닌 상태로 태어나기 때문에 긍정적인 존재하고는 거리가 멀다는 입장이었다. 인간은 단지 생물학적 욕구와 충동의 지배를 받는 존재이며 인간 행동은 무의식적 동기와 어릴 적 경험에 의해 결정된다고 주장하였다(Freud, 1915). 그뿐만 아니라 인간의 기본적 성격구조는 만 5세 이전에 어떠한 경험을 하였는가에 따라 결정되며, 이러한 성격구조는 성인기가 되어서도 변하지 않는다고 강조하는 등 인간본성에 대한 비합리성과 생물학적 결정론을 주장하였다.

▲ 프로이트

2. 주요 개념

정신분석은 인간심리에 대한 구조적인 가정과 여러 가지 형태의 부적응 행동에 대한 역학적 이해의 배경에 기초를 두고 있다. 원초아·자아·초자아가 어떻게 기능하고, 서로 어떤 관계에 있는가를 탐색하여 자아의 힘과 조정 기능을 강화시키는 데 중점을 둔다. 또한 이 이론은 심리적 문제의 의미와 원인을 근본적이고 심층적으로 이해하려 한다는 점이 특징이다. 심리적인 문제를 이해하고 해결하는데 있어서는 출생에서부터 만 5세에 이르기까지의 성장과정을 중시하는데, 특히 무의식적 심리과정과 동기에 대한 이해를 촉진하고, 역사적인 근거나 인과관계를 탐색함으로써 현재의 문제 행동을 해결하려는 데 초점을 두고 있다(윤관현 외, 2006).

정신분석은 무의식에 숨어 있는 문제의 원인을 분석하여 그것을 의식의 세계로 꺼냄으로써 자아의 기능을 변화시키려고 한다. 결국 이 이론의 주된 노력은 집단활동을 통하여 과거의 일을 다시 경험하게 함으로써 무의식적 갈등을 의식화하여 갈등을 해소하는 것이다. 따라서 집단상담의 목적은 집단과정을 통하여 집단원의 자아발달을 촉진하는 것이다. 자아의 힘과 자아의 중재기능을 강화하되, 그 방법은 집단과정에서 전이가 나타나게 하고, 감정 정화와 저항의 해석 등을 통하여 통찰이 이루어지도록 하는 것이다(이형득 외, 2010).

3. 상담의 적용

1) 상담목표

상담의 목표는 집단과정을 통하여 집단원 개개인의 성격체계를 재구조화하고 건전한 자아발달을 이루는 것이다. 심층에 숨어 있는 문제의 원인을 분석하고 그것을 의식의 세계로 가져와 자아의 기능을 변화시키도록 하는 데 근본 목적이 있다. 군 집단상담의 목표는 장병의 증상과 관련된 무의식을 의식화하고, 성격구조 중 자아의 기능을 강화하여 병영생활에서 보다 잘 적응할 수 있도록 하는 것이다. 이를 위해서는 장병의 억압된 감정이나 충동 등을 자유롭게 표현하도록 해야 한다. 또한 원초아의 충동과 초자아의 압력을 적절히 조절하고 통제하는 자아기능의 역할을 강화하여 자아가 자신을 주도하도록 상담과정이 이루어져야 한다. 그렇게 되면 군 생활에서 잘 적응하는 장병, 위계적 상황에서도 대인관계를 원만하게 가지는 장병, 훈련과 업무에 열중하는 장병이 될 수 있는 것이다.

2) 상담과정

정신분석 집단상담 과정은 집단원이 지니고 있는 심리적인 문제양상과 집단지도자의 접근 방식에 따라 달라질 수 있다. 일반적으로 정신분석 집단상담 과정은 과거 경험을 재현, 분석, 논의, 해석하며 무의식 수준에서 작용하는 방어와 저항을 훈습하는 데 초점이 맞추어진다. 따라서 자기이해와 연관된 감정과 기억에 대한 통찰 및 인지적 이해가 중요하다. 또한 집단원으로 하여금 과거를 재현하고 재구조화하도록 하며, 무의식이 현재에 어떻게 영향을 미쳤는지를 이해하도록 억압된 갈등을 훈습하는 과정으로 이루어진다(Corey, 2012). 정신분석 집단상담의 진행과정은 대체로 다음과 같이 이루어진다.

① 자유연상 기법을 이용하여 심리적 갈등과 불안을 말하도록 한다.
② 집단지도자 혹은 다른 집단원에게 전이가 나타나도록 한다.
③ 집단원의 언어에서 갈등과 불안의 원인을 탐색한다.
④ 집단원의 전이와 저항적 언어반응을 해석한다.
⑤ 집단지도자의 해석을 집단원이 수용하는 것에 격려한다.
⑥ 집단원의 부정적 감정이 해소되고 자아통찰이 이루어지도록 한다.

3) 지도자의 역할

정신분석적 접근모형을 이용하는 집단지도자는 집단상담에 참석한 집단원에 대한 인간적인 관심과 존중 등을 통하여 신뢰관계가 잘 유지되도록 하는 것이 무엇보다 중요하다. 그리고 집단원의 과거 갈등을 현재 관계에서의 재현인 전이가 나타나도록 촉진하고, 무의식적 경험에 직면하기를 회피하는 저항 행동을 적절히 다루고 돕는 것이 지도자의 주요 역할이다. 특히, 집단원이 과거의 중요한 인물에 대한 감정을 현재의 집단지도자에게 투사하도록 하는 것이 중요한데, 이때에는 해석을 잘 해야 된다. 집단원이 억압과 저항을 충분히 해소할 수 있고 또한 받아들일 수 있는 준비가 되었다고 판단될 때 적절한 해석을 통하여 통찰이 이루어지도록 해야 하는 것이다.

4. 상담기법

1) 자유연상(free association)

자유연상은 억압된 자료나 무의식적 자료를 밝히는 기본적인 기술이다. 아무리 부끄러운 것이라 할지라도 마음속에 떠오르는 것이면 무엇이든 이야기하도록 함으로써 혼자서는 의식화할 수 없는 개인의 무의식을 의식화하는 것이다(천성문 외, 2010). 따라서 집단원의 감정을 자기검열 없이 즉각적으로 표현하도록 조력하고, 집단에서 사전 정해진 것 외에 어떠한 주제라도 자유롭게 의견이 개진되도록 여건을 보장하는 것이 중요하다.

집단상담에서 자유연상을 적용하기 위해서는 돌아가며 이야기하게 하는 방법을 활용한다. 각 집단원이 돌아가면서 다른 집단원에 대해 떠오르는 것이 있으면 무엇이든 말할 수 있도록 허용하는 것이다. 그렇게 되면 집단원은 내면에 있는 자신의 감정을 표출하게 되어 덜 방어적이 되며, 잠재적인 심리적 갈등을 이해하고 알아차릴 수 있게 된다.

2) 전이(transference)의 해석

정신분석에서 전이가 나타나지 않으면 정신분석상담이 아니라고 할 정도로 전이는 매우 중요한 기제다. 전이는 집단원이 어릴 때 자신에게 결정적인 영향을

미친 중요한 인물인 타인에 대해 가졌던 긍정적 혹은 부정적 감정을 집단장면에서 지도자에게 옮기는 것을 말한다. 그러나 전이는 무의식적으로 작용되기 때문에 집단원은 이를 전혀 의식하지 못한다(이형득 외, 2010). 이러한 전이과정은 전이관계의 참된 의미를 각성하게 함과 동시에 억압된 감정 및 갈등을 인식하게 하고, 자신의 과거 경험이 현재 어떻게 작용하고 있는지를 알 수 있게 한다. 이러한 이유로 집단 정신분석상담은 전이의 해석을 성공적인 치료를 위한 중요 요인으로 여긴다.

3) 저항(resistance)의 해석

저항은 상담을 거부하고 집단지도자에게 협조하지 않으려는 집단원의 무의식적인 거부 행위를 말한다. 예를 들어, 상담과정에서 침묵을 유지한다거나 또는 의미 없는 말을 계속하는 경우가 이에 해당한다. 또한 자신은 아무 문제가 없다고 회피한다거나 극단적으로 상담 중단을 요구하는 것 등이 될 수 있는데, 이러한 저항이 나타나는 이유는 불안으로부터 자아를 방어하기 위해서다.

저항은 무의식에 숨겨진 원초적 충동과 욕구가 의식의 표면으로 올라오려 할 때 그 고통을 직면하지 않으려는 태도가 반영되어 나타나는 것이다. 따라서 집단지도자는 무의식 내용의 각성을 방해하는 것이 저항이기 때문에 그것을 잘 해석해 주어야 한다. 저항을 해석할 때는 우선 집단원이 나타내는 가장 강한 저항에 관심을 갖게 한 다음, 이를 수용할 수 있도록 따뜻한 언어로 말하면서 배려해야 한다.

4) 통찰(insight)과 훈습(working through)

정신분석에서의 통찰은 현재 개인이 겪고 있는 어려움의 원인에 대한 인지적·정서적 자각을 의미한다. 집단원이 예리한 통찰력을 발달시킬수록 집단과 일상생활 속에서 나타나는 여러 가지 갈등을 더 많이 알아차릴 수 있게 된다. 훈습은 전이와 저항을 반복 해석하여 새로운 행동으로 변화되도록 하는 하나의 학습과정이다. 집단원이 아동기 때부터 가지고 있는 역기능적인 행동패턴을 새로운 통찰을 기반으로 변화시키는 것이기 때문에 반복적이고 꾸준한 노력이 필요하다.

제2절 행동주의 집단상담

행동주의 집단상담 모형은 크게 두 가지 방향에서 발전되어 왔다. 그중 하나는 주로 정서적 학습에 초점을 둔 Pavlov의 학습개념을 토대로 한 것이고, 다른 하나는 강화를 통한 행동변화에 초점을 둔 Skinner의 행동수정에 기초한 것이다. 전자는 주로 개인상담 및 심리치료에 많이 사용된 반면, 후자의 행동수정은 집단상담 및 심리치료에 주로 사용되어 왔다.

1. 인간에 대한 기본 관점

▲ 스키너

행동주의자들은 이론 형성 초기에 객관적인 관찰과 측정가능한 과학적인 연구에 의해 인간의 행동을 설명할 수 있다고 주장하였다. 인간의 행동이 복잡하기는 하나 예측이 가능하다고 본 것이다(김헌수 외, 2006). 행동주의자들이 주장한 초기 인간관은 기계론적이고 결정론적인 입장이었다. 이후 인간은 흰 백지와 같은 상태로 태어나지만 어떠한 환경에 처하느냐에 따라 선하게도 또는 악하게도 될 수 있다는 중립적인 견해를 취하였다.

행동주의자들은 환경에 대한 중요성을 강조하면서 인간을 유전적이고 환경의 영향에 의해서 전적으로 결정되어지는 존재로 보았다. 즉, 유전과 환경의 상호작용으로 인해 나타나는 결과물을 곧 인간의 행동으로 규정한

것이다. 이후 인간의 자유와 의지적인 선택을 중심으로 한 능동적인 측면이 강조되었으며, 나중에는 인간 스스로 자신의 행동을 바꿀 수 있고 수정할 수 있다는 인지적인 측면을 강조하게 되었다.

2. 주요 개념

행동주의에서는 행동을 주요 과제로 여긴다. 개인이 학습한 행동은 환경과의 상호작용, 특히 의미 있는 다른 사람과 상호작용을 한 결과라고 주장한다. 인간 행동의 문제란 부적응 행동을 학습한 것에 불과하므로 부적절한 행동을 제거하고, 보다 바람직한 행동을 학습하는 과정이 곧 상담이라고 말한다. 따라서 집단상담에서는 집단원의 행동을 보다 바람직한 방향으로 학습하거나, 부적절한 행동을 변화시키기 위해 특수한 절차와 학습기법을 사용하게 된다.

행동주의에서는 동일한 학습 원리를 적용한다. 정상행동이나 이상행동 모두 같은 원리로 설명하고 있다. 특정한 자극에 대하여 적절한 강화를 함으로써 바람직한 반응을 학습할 수 있다고 강조한다. 따라서 행동주의에서 말하는 집단상담은 그 자체가 곧 학습과정이고, 집단상담을 지도하는 사람은 하나의 학습전문가에 지나지 않는다고 여긴다(Krumbolts, 1966).

3. 상담의 적용

1) 상담목표

상담의 목표는 집단원의 부적응 행동을 제거하고 바람직한 행동을 강화시켜 이를 습득하게 하는 것이다. 잘못 학습되었다고 생각되는 행동은 소거하고, 바람직하고 긍정적인 행동을 학습하는 데 도움이 되는 조건들을 찾아내거나 조성하는 것이다. 군 상담의 목표를 선정하는 문제는 일반 상담에서와 마찬가지로 매우 중요한 과업이다. 상담목표는 분명하고 구체적이며 명확한 행동용어로 진술되어야 하는데, 예를 들면 화를 잘 내는 집단원들의 경우에는 하루에 화를 참는 것을 몇 회로 할 것인가를 서술하는 것이 곧 상담목표가 된다.

2) 상담과정

행동주의 집단상담 과정은 여러 단계로 이루어진다. 첫째, 상담관계를 따뜻하고 신뢰할 수 있도록 형성한다. 둘째, 집단원의 부적응 행동을 규명한다. 집단원의 행동 중 제거해야 할 부적절한 행동을 선정해서 객관적인 용어로 정의하는 것이다. 셋째, 행동수정의 시작을 의미하는 현재 상태를 파악한다. 넷째, 상담목표를 설정하고 이를 달성하기 위해 상담기술을 적용한다. 다섯째, 상담결과를 평가한 후 상담을 종결한다. 이를 다시 요약하면, 상담관계 형성 → 문제행동 규명 → 현재 상태파악 → 상담목표 설정 → 상담기술 적용 → 상담결과 평가 → 상담 종결 순으로 이루어진다.

2) 지도자의 역할

행동주의 집단상담에서 집단지도자가 해야 할 역할 중 가장 먼저 해야 하는 것은 집단원을 이해하고 수용하는 것이다. 이를 통해 깊은 신뢰관계를 맺고 계속하여 좋은 상호관계를 유지해야 하는 것이다. 그리고 집단지도자는 집단과정에서 적극적이고 능동적인 역할뿐만 아니라 행동과정을 직접 설명하는 교사 역할을 한다. 이때에는 바람직한 행동에 대한 시연을 직접 보이며, 집단원의 작은 변화와 새롭게 발달시키는 행동에 대해서 적극적으로 지지하고 강화하는 역할을 해야 한다. 이러한 과정을 통해 최종적으로 집단원이 지닌 문제행동을 제거하는 것이 지도자의 주요 역할이 된다.

4. 상담기법

행동주의 상담기법은 매우 다양하다. 주로 사용되는 기법으로는 학습의 기본원리를 적용하여 인간의 행동을 바람직한 방향으로 수정하는 방법과 이들을 응용하는 방법 등이 있다. 기본원리를 그대로 적용한 방법으로는 바람직한 행동의 강화, 부적절한 행동의 소거, 학습된 행동의 일반화, 자극에 따라 반응을 달리하는 변별학습, 행동의 조형 등이 있다. 행동원리를 좀 더 확대한 응용방법으로는 체계적 둔감법, 심상법, 행동계약법 등이 있는데 이를 살펴보도록 하겠다.

1) 정서 심상법

정서 심상법은 상호제지의 변형으로 집단원의 불안과 두려움을 제거하는 데 도움이 되는 기법이다. 주어진 장면에서의 공포와 두려움을 차단하기 위해 근육이완훈련 대신에 사랑, 긍지, 애정 그리고 즐거움과 같은 긍정적인 느낌이 일어나도록 여러 가지 좋은 정서를 상상하는 기술이 된다. 이 기술은 군 장병의 유격훈련에 대한 두려움을 제거하는 데 사용해도 효과적이다.

2) 체계적 둔감법

체계적 둔감법은 널리 활용되는 기법 중 하나다. 불안이나 공포로 인해 야기되는 부적응 행동이나 회피 행동을 수정하는 데 효과적인 기법이라고 할 수 있다. 이 기법은 3단계로 이루어지는데 먼저 편안한 자세에서 근육이완훈련을 실시하고, 그다음에는 불안을 일으키는 유발상황에 대한 위계목록을 작성한다. 마지막으로는 위계목록에 있는 작은 불안유발 목록부터 천천히 상상하도록 하여 치료하는 방법이 된다.

3) 홍수법

홍수법은 말 그대로 홍수를 연상하면 쉽게 이해할 수 있다. 불안을 일으키는 무시무시한 결과를 아주 생생하게 한꺼번에 상상하게 함으로써 불안을 극복하는 방법이다. 이 기술은 어떤 장면과 관련된 불안을 최대한 경험하게 함으로써 불안을 낮추는 기술이다. 그러나 두려움을 감소시키는 것이 아니라 오히려 두려움을 증가시킬 수 있다는 점에서 비윤리적이라는 비난을 받을 수 있음에 유의해야 한다.

3) 심적 포화

심적 포화는 정적강화 자극이라 할지라도 계속해서 주어지면 포화상태에 이르게 되어 효과가 감소되는 원리를 기반으로 하는 기술이다. 그렇게 되면 나중에 정적강화 자극으로서의 기능을 상실하고, 오히려 질리게 되어 반대의 효과가 나타나는 기법이다. 예를 들어, 인스턴트 음료를 좋아하는 한 간부에게 쉬지 않고 많은 양의 음료를 계속 먹게 하여 진저리 나게 하는 방법이라고 할 수 있다.

4) 행동 계약

행동 계약은 두 사람이나 또는 그 이상의 사람들이 정해진 기간 내에 각자의 행동을 분명하게 정해 놓은 후, 그 내용을 서로가 지키기로 약속하는 것이다. 계약의 내용은 어떤 조건하에서 무엇을 행동하는 것인지 구체적이고 성취 가능한 것으로 해야 하며, 적절한 규칙이 포함되어야 한다. 집단상담에서는 주로 집단지도자와 집단원 간에 계약이 이루어지며, 상담 초기에 서약서 형태로 이루어진다.

5) 자기 지시

자기 지시는 불안이나 기타 부적응 행동에 대해 불안을 줄이거나 적응적인 행동을 할 수 있도록 자기 자신에게 지시하거나 말하는 기술이다. 자기 지시에는 정서적 안정을 위해 근육이완을 하도록 하는 지시, 역기능적 행동을 바람직한 행동으로 바꾸도록 하는 지시, 구체적인 행동변화를 하도록 하는 지시 등 다양하게 설정할 수 있다.

제3절 인간중심 집단상담

인간중심상담 이론은 1940년대에 로저스에 의해 만들어졌다. 이 이론은 처음에 비지시적 상담으로 불렸으나 이론의 발전과정에서 내담자중심상담으로 변경되었고, 이후 최종적으로는 인간중심상담으로 바뀌었다. 인간중심상담 이론은 문제해결보다는 집단원에 대한 상담자의 태도를 중시하는데, 그 이유는 독특한 인간관에 기초하고 있기 때문이다. 인간은 정신분석처럼 자신도 모르는 무의식에 의해 지배받는 그런 비관적인 존재가 아니라, 자신의 가능성을 발견하고 실현할 수 있는 선한 존재로 규정하고 있는 것이다.

▲ 로저스

1. 인간에 대한 기본 관점

로저스는 인간이란 스스로를 성장시키는 능력을 지니고 있는 존재로 규정하고 있다. 인간은 누구나 건강하고 창조적인 성장을 위한 잠재력을 지니고 있다고 가정하며, 지속적인 성장을 위해 노력하는 성장지향적인 존재로 보고 있다. 인간은 자신의 인생목표와 행동방향을 스스로 결정하고, 결정에 따르는 책임을 수용할 수 있는 능동적이고 자유로운 존재로 보며 특히, 인간은 현실적이고 합리적인 존재라서 보다 자유로워질 때 더욱 선천적인 자아실현의 경향이 강해진다고 주장한다. 인간의 선한 본성 안에는 스스로의 자기이해와 자기지향적인 성향이 내재되어 있으므로, 모든 인간은 자신의 삶과 미래 역시 창조적으로 살 수 있다고 주장하였다(이형득, 1986).

2. 주요 개념

인간중심 집단상담은 어느 정도의 촉진적인 집단분위기만 형성되면 집단원이 지닌 잠재적인 가능성으로 스스로 성장과 발전을 이룰 수 있다는 가정에서 출발한다(Rogers, 1970). 그러므로 인간중심 집단상담은 특별한 상담의 방향성도 없고, 집단활동에 필요한 특별한 진행계획도 없이 이루어지는 것이 특징이다. 단지 자신의 경험을 왜곡하지 않고 있는 그대로 받아들이며, 자기개념을 경험과 일치되도록 재조직하는 데 초점을 둔다.

인간중심 집단상담은 인간이 자신의 모습을 숨기고 거짓과 꾸밈 그리고 가면을 쓴 삶을 살지 않도록 조력하며, 동시에 참된 자아를 찾아 자기 본연의 모습으로 살아가도록 도와준다(Rogers, 1951). 만일 자기와 모든 경험이 일치하게 된다면 그 사람은 곧 성숙한 인간이 된 것이라고 주장한다. 성숙한 인간은 자기 경험을 있는 그대로 받아들이고 방어하지 않으며, 자신의 감각에 기초하여 경험을 평가하고, 아울러 평가 결과를 새로운 경험 위에서 변화시키는 사람으로 본다.

3. 상담의 적용

1) 상담목표

인간중심 집단상담은 자기를 실현하는 데 목표를 둔다. 다른 집단상담 이론들이 심리적인 문제를 해결하는 데 초점을 맞추는 것과는 달리, 인간중심 이론에서는 인간 그 자체에 초점을 둔다. 단순히 문제를 해결하는 것이 아니라 집단원이 현재 직면하고 있는 문제와 앞으로 닥칠 문제들까지도 극복할 수 있도록 그들의 성장과 발달을 촉진하는 것이다.

로저스가 말한 상담목표를 군 집단에 적용하면, 우선 장병이 군 입대 전 사회생활을 통해 내면화된 부정적이고 가면적인 군인의 모습을 벗게 하는 것이 중요하다. 군인에 대한 부정적인 생각과 그에 따른 변질된 자기개념을 변화시키는

것이다. 이러한 상담과정을 통해 군 장병은 늠름하고 멋진 자신의 참모습을 발견하게 되며, 아울러 군 생활 자체를 자신이 성장하는 기회의 장으로 삼을 수 있다.

2) 상담과정

인간중심 집단상담은 이론 특성상 상담과정이 구체적으로 구분되어 있지 않다. 통상 상담초기에는 집단원과 신뢰관계를 형성하는 것부터 시작된다. 이를 위해 자유롭게 감정표현을 할 수 있도록 집단분위기를 따뜻하게 조성한다. 집단분위기가 수용적이고 따뜻해야 자기개념과 경험 간의 불일치에 따른 심리적 어려움을 자유롭게 이야기할 수 있게 된다. 집단활동이 진행되는 과정에서는 지금까지 자기개념을 맞추기 위해 왜곡하거나 부정해 왔던 자신의 감정, 사고, 욕구를 새로운 방식으로 지각하도록 한다.

이러한 과정을 통해 집단원은 자신의 감정에 솔직해지려고 노력하게 되며, 동시에 자신을 보다 잘 이해하고 수용하면서 긍정적이고 건설적인 행동을 하는 등 충분히 기능하는 인간으로 성장하게 된다. 인간중심상담의 과정을 보다 이해하기 쉽게 요약 정리해 보면 상담관계 형성 → 부정적 감정표현과 자기이해 및 자기수용 → 긍정적 감정표현과 자기이해 및 자기수용 → 명료화, 통찰 → 긍정적 행동 → 상담종결 순이 된다.

3) 지도자의 역할

인간중심 집단상담은 집단지도자의 지식이나 정해진 특정 절차 사용을 강조하지 않으며, 한 인간으로서 지닌 자질을 훨씬 더 중요하게 여긴다. 집단과정을 촉진함에 있어서는 우선 집단원이 그들의 감정과 기대를 개방적으로 표현하도록 조력한다. 또한 안정감과 친밀감을 느낄 수 있는 상담분위기를 만들어 새로운 행동을 시도해 보도록 조력하는 것을 중요한 역할로 본다.

특히, 집단지도자와 집단원의 상호작용보다 집단원 간 상호작용이 활발하게 이루어지도록 하는 데 관심의 초점을 두고, 동시에 의사소통을 막는 장애물을 제거하는 데 지도자의 역할이 모아진다. 아울러 집단원에게 위협이 되었던 경험을 이해하고 공감하며 존중한다. 이를 통해 집단원 자신의 경험을 더 이상 왜곡하거나 부정하지 않도록 하며, 자기개념의 테두리 안에서 자신의 경험을 수용하도록 하는 것이 지도자의 주요 역할이 된다.

4. 상담기법

로저스는 집단원의 긍정적인 변화를 이루기 위한 조건으로 세 가지의 지도자 태도를 강조하였다(Rogers, 1951). 집단원의 심리적인 문제해결과 인간적 성장을 위해서는 집단상담 지도자의 진실성과 무조건적 긍정적 존중 그리고 공감적 이해를 중요하게 여겼다. 로저스는 이러한 세 가지 태도가 일관성 있게 유지될 때 집단원의 긍정적인 변화가 이루어진다고 보았는데 이를 살펴보도록 하겠다.

1) 진실성(genuineness)

진실성이란 집단원을 대함에 있어서 가식이나 왜곡 그리고 어떠한 신분에도 구애받지 않고 인간 대 인간으로 솔직하게 대하는 것이다. 로저스는 진실성을 갖춘 집단지도자여야 집단원의 심리적인 갈등과 문제를 해결하고 자아성장의 조력이 가능해진다고 주장하였다. 이렇게 지도자의 진실성은 집단원의 감정과 반응을 정확하게 지각하도록 도움을 주며, 동시에 지도자의 진실한 모습을 통해 집단원 스스로 자신이 누구인지, 또 자신이 어떤 잠재력이 있는 사람인지를 이해할 수 있게 한다.

2) 무조건적 긍정적 존중(unconditional positive regard)

집단원의 변화를 가져오기 위한 또 다른 중요한 요인은 무조건적 긍정적 존중이다. 무조건적 긍정적 존중은 집단지도자가 집단원을 평가하거나 비난 또는 판

단하지 않는 것이다. 또한 집단원이 나타내는 감정이나 행동 특성을 그대로 수용하는 것이며, 그들을 소중히 여기는 태도다. 이러한 무조건적 긍정적 존중이 집단상담 장면에서 부장될 때 집단에 참여한 집단원은 긍정적인 변화를 이룰 수 있게 된다.

3) 공감적 이해(empathic understanding)

공감적 이해는 집단지도자가 집단원의 감정에 빠져들지 않으면서 그들의 감정을 자신의 것처럼 느끼는 것이다. 집단원의 눈으로 보는 것처럼 보고, 집단원의 귀로 듣는 것처럼 듣고, 집단원의 코로 냄새를 맡는 것처럼 하는 것이다(박성희, 1994). 다시 말해, 지도자가 집단원의 내면세계를 정확히 감정이입적인 태도로 경험하는 것으로서, 집단원이 느끼는 아픔과 슬픔, 두려움, 우울, 공포, 분노 등의 감정을 정확히 이해하는 것을 의미한다. 아울러 집단원이 느끼는 감정과 경험을 정확히 이해하여 이를 다시 집단원에게 되돌려 주는 것까지가 공감적 이해가 된다.

제4절 현실치료 집단상담

현실치료는 미국의 정신과 의사인 윌리암 글래서에 의해 창안되었다. 현실치료는 실존수의 철학과 학습이론에 기초를 두고 1950년대부터 발전하기 시작하였으며, 성공적인 자기정체감을 성취하도록 고안된 행동수정의 한 형태이기도 한 이론이다. 따라서 집단상담 과정은 자기 자신과 다른 사람의 성공적인 자아정체감 확립에 도움을 주기 위한 활동이 주로 이루어진다.

▲ 글래서

내담자의 감정보다는 행동에, 과거보다는 현재와 미래에 초점을 두며, 자신의 문제에 대해 책임 있는 행동과 대안적 해결을 강구하도록 한다.

1. 인간에 대한 기본 관점

현실치료는 인간본성에 대한 결정론적인 철학에 의존하지 않고 반결정론적이며 실존적이고 현상학적인 입장을 취한다. 인간은 소속감, 힘, 즐거움, 자유 그리고 생존욕구 등 5가지 욕구를 지니고 있으며 자기 행동과 자기 삶에 책임을 지는 존재라는 가정에서 출발한다. 또한 인간은 성공적인 정체감을 발전시킬 수 있는 존재로서 이러한 성공적인 정체감을 통해 만족스럽고 의미 있는 인간관계를 가지고 싶어 하는 존재로 규정한다. 현실치료 이론에서 규정하고 있는 인간에 대한 기본 관점은 다음과 같이 정리할 수 있다.

① 인간은 기본적인 욕구를 충족시키는 존재다.
② 인간은 자기 결정이 가능한 존재다.
③ 인간은 자신을 성장시킬 수 있는 힘을 가지고 있다.
④ 인간은 자신이나 환경을 통제할 수 있는 존재다.
⑤ 인간은 성공적인 자기정체감을 발전시킬 수 있는 존재다.
⑥ 인간은 자신의 행동을 포함해 자신에 대하여 책임지는 존재다.

2. 주요 개념

현실치료 집단상담은 자신이 선택한 행동에 대해 스스로 책임져야 한다는 것으로부터 출발한다. 그렇기 때문에 적극적이고 지시적이며 구조화되어 있다. 집단원의 현재 행동에 초점을 맞추고 스스로 자신을 정확히 발견하여 성공적인 정체감을 갖도록 하는 것이며, 동시에 이를 바탕으로 현실에서 바람직한 행동을 하도록 도와주는 활동이다. 즉, 집단원이 스스로 인생의 방향을 설정하고 이를 위

해 좀 더 효율적인 행동을 선택하도록 도와주는 과정으로 이루어진다.

현실치료는 과거에 어떤 일이 일어났거나 어떤 환경에 있었다고 하더라도 이에 관심을 두지 않는다. 자신의 행동을 스스로 주도적으로 선택하여 이에 책임을 지도록 하는 것에 초점을 두며, 현재와 미래를 즐겁게 살아가도록 하는 데 역점을 둔다. 자신의 삶을 자신의 뜻대로 주도하지 못하고 통제하지 못하는 자아존중감이 낮은 집단구성원에게는 자신의 욕구를 정확히 인식하도록 한 다음, 자신의 현재 삶의 방향을 바꾸도록 조력한다.

3. 상담의 적용

1) 상담목표

현실치료의 궁극적인 상담목표는 집단원이 추구하는 인간관을 정립하고 독립된 인격체로 자립할 수 있도록 하는 것이다. 책임감과 자율성을 성취할 수 있도록 하는 것이 상담목표가 된다(김헌수 외, 2006). 동시에 집단원이 자신의 현재 행동을 평가하는 심리적인 힘을 기르고, 자신의 욕구가 충족되지 못하더라도 보다 책임 있는 행동을 하도록 하는 데 목표를 둔다.

이러한 목표를 달성하기 위한 세부적인 목표로는 첫째, 책임감과 자율성을 갖고 자신의 욕구를 충족시킨다. 둘째, 자신의 인생목표와 행동을 스스로 선택하고 결정한다. 셋째, 자신의 각성 수준과 통제력을 높이고, 환경과 상호작용하며 살아간다. 넷째, 긍정적으로 행동하고, 느끼고, 생각하며 살아가도록 하는 데 있다.

2) 상담과정

현실치료 집단상담은 지도자와 집단원 간의 합리적인 대화를 강조한다. 감정보다는 행동에 중점을 두고, 현재에 초점을 맞추는 학습과정이다(Glasser, 1998). 집단원은 지도자의 많은 질문에 대답하는 가운데 자신의 현재 행동을 자각하고,

이에 대한 가치판단을 한다. 그런 다음, 행동변화를 위한 계획을 세우고 이를 실천하는 것이 곧 상담과정이다.

구체적으로, 상담이 시작되면 먼저 안전한 집단분위기기가 되도록 하고, 집단의 규칙과 비밀보장에 대한 설명을 하는 등 상담구조화를 한다. 그런 다음에는 집단의 상호작용이 활발하게 이루어지고 왕성한 피드백이 오갈 수 있도록 조력하며, 집단원의 불안과 갈등, 저항을 효과적으로 다룬다(Corey, 2012). 아울러 비난과 비판 없이 따뜻하게 직면하면서 상담목표를 달성하기 위한 다양한 노력이 동시에 이루어진다.

3) 지도자의 역할

집단지도자의 역할은 우선 친밀하고 따뜻한 상담관계를 형성하고 유지하는 것이다. 그리고 현실치료의 선택이론과 실제 적용을 가르치는 교사의 역할을 하고, 동시에 모범적인 모델의 모습을 보여 주는 것이다. 다시 말해, 선택이론의 기본원리와 절차를 이해하고 이를 적용하는 방향으로 집단을 지도하는 것이다. 개인이 선택한 행동의 책임을 알게 하고, 책임을 받아들이는 과정을 통해 삶을 보다 효과적으로 통제할 수 있다는 점을 깨닫도록 하는 것이 지도자의 주요 역할이다(Glasser, 1998).

집단지도자는 가치관에 대한 논의나 건설적인 의견 개진이 이루어지도록 해야 한다. 이러한 과정을 통해 자신의 바람직한 행동과 사고를 선택하여 자신의 감정을 통제할 수 있다는 것을 알도록 한다. 아울러 상담과정 중에는 집단원이 보다 적극적으로 합리적인 계획을 수립하고, 선택함에 있어서는 행동적인 대안을 낼 수 있도록 해야 한다. 동시에 이를 실천하고 실천한 결과를 평가하도록 하여, 집단원이 바라는 것을 보다 효과적으로 얻을 수 있도록 안내자의 역할을 하는 것이다.

4. 상담기법

현실치료 집단상담은 행동수성 기술이 많이 사용된다. 집단원으로 하여금 스스로의 행동에 책임을 지도록 역할놀이 방법을 이용하며, 변명을 하거나 책임을 회피하는 집단원의 행동을 수정하기 위해 맞닥뜨림(confrontation) 기술을 주로 사용한다. 그리고 집단원으로 하여금 현실에 직면하고 보다 바람직한 행동방식을 학습케 함으로써 성공적인 자아정체가 확립되도록 특수한 교육방법을 사용하는데 이를 좀 더 살펴보도록 하자.

1) 역설적 기법

과거 시골에서 기르던 소가 외양간 안으로 들어가지 않으려 할 때는 소를 앞에서 끄는 것이 아니라 오히려 뒤에서 소꼬리를 잡아당기곤 하였다. 그렇게 하면 소가 외양간 안으로 쉽게 들어가게 되는데, 이것이 바로 역설의 원리다. 역설적 기법은 집단원에게 모순된 요구나 지시를 주어 그를 딜레마에 빠지게 하는 기술이다. 그러나 이러한 역설적 기법을 사용해서는 안 되는 경우가 있는데 그것은 위기상황, 자살, 살인, 폭력, 약물남용, 과음 등의 상황이다. 이러한 상황에서 역설적 기법을 사용하는 것은 무책임하고 비윤리적인 방법이 되는 것이며, 역효과가 날 수 있다는 점을 집단지도자는 분명히 알고 있어야 한다.

2) WDEP 질문하기

현실치료에서는 상담의 각 과정마다 적절한 질문을 사용한다. 집단과정의 초기단계에서는 집단원의 욕구가(W) 무엇인지를 질문하며, 현재에 초점을 두는 단계에서는 행동(D)에 초점을 두고 질문을 한다. 행동을 평가하는 단계에서는 집단원의 행동이 자신이 원하는 바를 얼마나 충족시켰는지 여부를 평가(E)하는 질문을 한다. 마지막 행동계획을 수립하는 과정에서는 집단원의 바람직하지 않은 행동을 찾아내고, 이를 긍정적으로 바꾸기 위한 활동계획(P)에 대한 질문을 하게 된다. 이렇게 질문하기는 WDEP 과정으로 이루어진다.

3) 유머 사용하기

현실치료는 교육과 토의, 논쟁, 질문 등이 많이 이루어지게 되므로 집단원이 긴장하기 쉽다. 따라서 집단지도자가 유머를 사용하면 집단원의 긴장감을 풀어주고 친밀한 관계를 유지할 수 있다. 뿐만 아니라 집단원의 소속감 욕구를 충족시킬 수 있게 되며, 직면으로부터 받은 상처를 감소시키는 효과도 제공받는다. 그러나 신뢰관계가 형성되기 전에 사용하는 유머는 오히려 집단분위기를 어색하게 만들 수도 있으므로 때와 장소를 가려 지혜롭게 해야 한다.

4) 직면하기

현실치료에서는 집단원의 책임을 강조하고 변명을 허용하지 않기 때문에 곧장 직면하는 것이 효과적이다. 직면하기는 토의와 논쟁, 질문이 이루어지는 과정에서 집단원의 말이 일관성이 없거나 모순을 보일 때 많이 사용한다. 또한 집단원이 정말 달성하기를 소망하는 바람과, 현재 하고 있는 행동이 그러한 바람을 달성해 주는지를 따질 때도 사용한다. 아울러 집단원이 선택한 행동에 대해 책임지도록 할 때도 주로 사용한다.

① 정신분석 집단상담 과정은 과거 경험을 재현, 분석, 논의, 해석, 무의식 수준에서 작용하는 방어와 저항을 다루는 데 초점이 맞추어진다. 따라서 자기 이해와 연관된 감정과 기억에 대한 통찰 및 이해가 중요하다. 집단원은 과거를 재현하고 재구조화를 해야 하며, 무의식이 현재에 어떤 영향을 미쳤는지를 이해하기 위해 억압된 갈등을 훈습하는 과정이 주로 이루어진다.

② 행동주의 집단상담은 부적응 행동을 잘못된 학습에 불과하므로, 부적절한 행동을 제거하고 보다 바람직한 행동으로 재학습하면 된다고 주장한다. 그래서 행동주의 집단상담은 집단원의 행동을 보다 바람직한 방향으로 재형성하거나, 부적절한 행동을 변화시키기 위해 학습의 원리를 응용한 절차와 기법을 많이 활용한다.

③ 인간중심 집단상담은 인간 자체에 초점을 둔다. 그래서 심리적 부적응과 이상 행동의 원인을 자기와 경험의 불일치에서 찾는다. 집단과정에서는 자신의 경험을 왜곡하지 않고 있는 그대로 받아들이며, 자기개념을 경험과 일치되도록 하는 데 주안을 둔다. 단순히 문제를 해결하는 것이 아니라 현재 직면하고 있는 문제와 앞으로 닥칠 문제까지도 극복할 수 있도록 성장을 촉진시키는 데 관심을 둔다.

④ 현실치료 집단상담은 집단원의 현재 행동에 초점을 맞춘다. 스스로 자신을 정확히 발견하여 성공적인 정체감을 갖도록 하고, 이를 바탕으로 현실에서 잘 행동하도록 도와주는 이론이다. 따라서 과거에 어떤 일이 일어났거나 어떤 환경이었다 하더라도 이에 연연하지 않는다. 현재 자신의 행동을 스스로 주도적으로 선택하여 이에 책임을 지며, 현재와 미래를 즐겁게 살아가도록 하는 데 역점을 둔다.

CHAPTER 4

군 집단상담의 개념

군 장병의 심리적 어려움과 부적응 문제를 다루는 일은 결코 쉬운 일이 아니다. 군에 입대한 장병이 부대 생활에 적응하지 못하면 심리적인 고통과 대인관계의 어려움을 동반하게 된다. 아울러 부적응의 문제해결이 지연되게 되면 전투력이 약화됨은 물론 전혀 예상하지 못한 악성사고로까지 이어지기도 한다. 군 집단상담은 일반 집단상담과 다른 점이 많다. 군 집단상담은 장병들의 성장과 발전에 조력하지 않는 것은 아니지만, 부대목표를 달성하고 전투력을 향상하는 활동에 더 역점을 두게 된다.

본 장은 군 집단상담의 개념을 집중적으로 다룰 것이다. 먼저 군 집단상담의 정의와 목적 및 원리를 탐색한 후, 일반 집단상담과의 여러 특징들을 비교하여 살펴볼 것이다. 그리고 마지막으로 군 집단상담의 유형을 알아본다.

제1절 군 집단상담의 정의

1. 개요

1) 군 집단상담의 정의

집단상담에 대한 정의는 학자들마다 조금씩 다르게 하고 있다. 일반적으로 집단상담은 정상인을 대상으로 상담의 기법과 전략을 적용하고, 역동적인 상호교류 과정을 통해 문제해결이나 의사결정 혹은 인간적 성장을 추구하는 과정으로 정의한다. 강진령(2006)은 집단상담을 의식적인 사고와 행동 그리고 허용적인 현실에 초점을 둔 정화와 상호신뢰, 돌봄, 이해, 수용 및 지지 등의 치료적 기능들을 포함하는 하나의 역동적인 대인관계의 과정으로 정의하였다.

이외에도 집단상담은 자기이해와 개인의 행동변화를 조력하기 위해 집단원의 상호작용을 이용하는 것으로, 자기 수용을 보다 효과적으로 촉진하기 위해 집단원의 상호작용을 적극 활용하는 과정으로 정의하기도 한다. 이렇게 집단상담의 정의에 대한 여러 주장들을 종합해 보면, 집단상담은 전문가의 지도 아래 정상적인 참여자를 대상으로 허용적인 분위기에서 집단원의 역동적인 상호작용을 도모하는 과정임을 알 수 있다. 아울러 집단에 참여한 개인의 태도와 행동의 변화 혹은 한층 더 높은 성장과 인간관계 발달의 능력을 촉진하는 것을 목적으로 이루어지는 역동적인 대인관계 과정임을 알게 한다.

군 집단상담에 대한 정의는 군 야전교범(10-0-1)에 잘 제시되어 있다. 군 집단상담이란 집단지도자가 다수의 장병을 대상으로 신뢰할 수 있고, 수용적인 분위기 속에서 집단의 역동적인 상호작용을 통해 개인의 성장발달과 인간관계발달 능력을 촉진시키는 과정으로 전투력 향상에 기여하는 활동으로 규정하고 있다. 육군 보수교육 과정인 고등군사반 교육에서 사용하고 있는 교재 상담기법(육군본부, 2004)에서도 야전교범과 동일하게 정의를 기술하고 있다.

군 집단상담은 부대 자체적으로 군 복무 중인 현역들을 대상으로 하나의 새로운 집단을 편성하여 실시하게 된다. 이러한 이유로 군 집단상담은 자발적 참여 장병들로 편성되기보다는 대부분 비자발적으로 참여한 장병들로 편성된다. 또한 허용적인 분위기가 되지 못하고 특수한 위계적 상황에서 이루어진다는 점이 일반 상담과 다른 특징이다. 장병들의 대인관계 갈등과 심리적 어려움을 잘 해결하여 궁극적으로 전투력을 향상시키기 위해 이루어진다는 점도 일반 집단상담과 다른 점이라고 할 수 있다.

2) 군 집단상담의 필요성

군 집단상담은 부적응 장병뿐만 아니라 적응을 잘 하는 장병들도 함께 참여하는 것이 가능하다. 그러므로 심리적인 어려움을 겪고 있는 장병들을 집단상담에 참여시키기가 용이할 뿐만 아니라, 집단상담에 참여한 다른 모범적이고 적응적인 동료들을 관찰하고 학습하여 군 생활 적응에 도움을 제공받을 수 있다. 군 집단상담이 필요한 이유를 살펴보면 다음과 같다.

첫째, 군 집단상담은 개인상담의 1 : 1의 관계보다 여러 동료들이 함께 참여하게 됨으로써 심리적으로 편안함을 느껴, 자신의 생각과 의견을 좀 더 개방할 수 있다. 군대는 위계적인 조직이라서 마음 터놓고 자신의 고민과 심리적 갈등을 동료나 간부에게 드러내기가 쉽지 않다. 그러나 집단상담은 자신의 대인관계적인 갈등과 심리적 문제, 성장과 발전에 관한 과업들을 드러내 놓고 검증해 볼 수 있는 기회를 제공받을 수 있게 한다.

둘째, 군 집단상담은 계급별 다양한 성격의 상·하급자와 같은 공간에서 대면할 수 있는 기회가 제공되기 때문에 대인관계에 많은 도움이 된다. 대부분의 군 장병들은 군의 특수한 환경으로 인해 나름의 소소한 심리적인 어려움을 갖고 군 생활을 하고 있다. 그러나 일부 장병은 자신 혼자만이 유독 힘든 어려움을 겪고 있다고 생각하기도 한다. 이러한 장병이 집단상담에 참여하게 되면 자신과 유사

한 심리적 어려움을 경험하고 있는 동료들이 많다는 것을 깨닫게 된다. 이러한 경험은 집단의식과 전우애를 발달하게 하고, 자신과 동료들을 보다 잘 이해할 수 있게 하여 적응력을 높여 준다.

셋째, 군 집단상담은 서로 다른 배경과 다양한 성격, 경험을 가진 동료 장병들이 함께 참여함으로써 풍부한 학습경험을 제공받을 수 있게 한다. 집단에 참여한 장병들은 자신의 진로를 포함하여 서로의 관심사를 터놓고 이야기함으로써 의사결정 능력과 대인관계 능력을 증진시킨다. 또한 위계적인 상황에서도 진실한 대화와 역동적인 상호작용을 통해 개인자존감과 집단자존감을 동시에 증진시킬 수 있다.

넷째, 군 집단상담은 군의 특수한 목적을 달성하기 위해 필요한 활동이다. 장병 상호 간 이해와 신뢰를 촉진하고, 가족적인 분위기를 도모할 수 있게 하며, 부대의 단결력을 증진시키는 등 궁극적으로 전투력 향상이라는 부대목표를 달성하게 하는 데 크게 기여한다.

2. 집단상담의 목적 비교

집단상담의 목적은 일반적으로 상담의 이론에 따라 달라질 수 있지만 일상생활의 크고 작은 문제들을 해결하여 보다 안정된 삶을 살아가도록 하는 것이다. 여행에서의 지도와 같은 역할을 제공하며, 집단 여행자들에게 폭넓은 인간관계의 변화를 경험할 수 있도록 한다. 일반 집단상담의 목적과 군 집단상담의 목적을 비교하여 살펴보겠다.

1) 일반 집단상담의 목적

일반 집단상담의 목적은 자기에 대한 이해를 증대시키고 개인 성장에 대한 자신감을 갖도록 하는 데 있다. 그리고 사회적 기술과 대인관계능력을 발달시키고 자기통제와 문제해결 및 의사결정능력을 학습하는 것이다. 아울러 자기가 생각하고 믿는 바를 정확하게 표현할 수 있는 의사소통능력을 향상시키는 목적도 가진다. 또한 가정과 사회의 여러 곳에서 자신의 잠재능력을 발휘할 수 있도록 하고, 타인과의 대화에서 공감적으로 경청하는 사람이 되도록 하는 목적을 가진다(이형득 외, 2010).

이렇게 일반 집단상담의 목적은 자신의 문제와 자신의 감정 및 태도에 대한 통찰력을 터득하게 하고, 보다 바람직한 자기관리와 합리적인 대인관계의 태도를 학습하게 하는 것이다. 그러므로 집단상담은 집단원으로 하여금 지금 자신이 느끼는 감정을 이해하게 하고, 지금의 문제를 해결하기 위하여 어떤 것이 필요하며, 현재 어떻게 행동해야 하는가를 깨닫도록 한다. 즉, 집단원의 역동적인 상호교류를 통하여 자신의 감정, 태도 생각, 행동양식을 탐색하고 수용하여 보다 성숙한 인간으로 발달하게 하는 데 그 목적이 있는 것이다.

2) 군 집단상담의 목적

일반 집단상담은 자기를 이해하고, 자기를 수용하며, 자기를 개방하고, 자기를 주장할 수 있는 사람으로 성장하게 하는 과정이 되지만, 군 집단상담은 부대목표를 달성하고, 전투력을 향상하는 데 기여하기 위한 목적으로 실시한다는 점에서 다르다. 이러한 상담목적을 좀 더 세분화하면 미시적인 1차적 목적과 거시적인 2차적 목적으로 구분할 수 있다. 1차적인 목적은 각개 장병이 속한 부대와 개인의 목표를 달성하는 것이라면, 2차적인 목적은 군 조직이 지향하는 역량과 목표를 달성하는 것이라고 할 수 있다. 한국군상담학회(2009)에서 설명하고 있는 군 집단상담의 목적을 살펴보자.

(1) 1차적 목적

군 집단상담의 1차적 목적은 장병 개인이 지니고 있는 심리적인 문제를 해결함과 동시에 부대가 지향하는 가치와 목표를 달성하는 것이다. 그 과정에서 개인 장병의 자아실현과 성장을 도모하고 부대의 사기를 왕성하게 하며, 군기가 서

있는 안정된 부대를 육성하는 것이다. 이와 더불어 장병의 군 생활을 보람되게 하고 강군 육성에 기여하는 것이다. 군 집단상담의 1차적 목적에 대한 예를 제시하면 〈표 4-1〉과 같다.

〈표 4-1〉 1차적 목적

개인목표 달성	• 장병의 개인 문제해결과 성장 및 자아실현 촉진 예) 부대 적응, 대인관계능력 향상, 진로문제해결, 잠재능력 강화 등
부대목표 달성	• 부대가 지향하는 가치와 목표 달성 예) 사고예방, 부대안정, 사기와 군기, 병영문화혁신, 강군 육성 등

(2) 2차적 목적

군 집단상담의 2차적 목적은 전쟁에서 이겨야 하는 국가적인 목표를 달성하는 데 기여하는 것이다. 이를 위해 필요한 역량을 개발하고, 전역 후 사회에 진출하여 건전하고 건강한 민주시민으로 살아가도록 하는 것이다. 다시 말해, 국가에서 요구하는 국가의 안전보장과 국토방위의 신성한 임무를 수행하는 것이며, 동시에 민주시민으로서 건전한 삶과 공동체 의식을 배양하는 것이다. 군 집단상담의 2차적 목적은 〈표 4-2〉에 제시하였다.

〈표 4-2〉 2차적 목적

국가 요구역량 목표	• 국가의 안전보장과 국토방위의 신성한 임무 수행 예) 충성, 용기, 신념, 명예, 임전무퇴의 기상, 책임 등
민수시민 육성 목표	• 민주시민으로서의 건전한 삶과 공동체 의식 배양 예) 봉사정신, 이타심, 인간존중과 평등의 가치 추구 등

3. 집단지도자와 집단참여 장병의 역할

1) 군 집단지도자의 역할

군 집단지도자는 훈계나 교육, 지시를 하는 사람이 아니다. 집단에 참여한 장병들을 공감해 주고 이해하며, 적극적인 경청과 피드백을 통해 정서적 체험을 하도록 조력하는 사람이다. 다시 말해, 집단에 참여한 장병의 심리적 고통과 부적응의 원인을 깨닫도록 하는 전문가다. 그러므로 군 집단지도자는 집단상담 전체 과정을 생산성 있게 중재해 나가야 하며, 상담에 적용하는 프로그램이 군 조직 목표에 접근해 가도록 해야 한다. 군 집단지도자가 기본적으로 해야 할 역할을 살펴보면 다음과 같다.

첫째, 집단에 참여한 장병이 편안하고 자유롭게 자기개방을 할 수 있도록 해야 한다. 장병들의 긍정적인 측면에 관심을 지향하고, 장병들의 심리적 특성을 이해할 수 있어야 하며, 이를 바탕으로 장병들의 자발성이 발현되도록 해야 한다. 또한 어떤 집단이든 집단의 역동적인 감정 교류가 있게 마련인데 이를 세밀히 감지하여 적극 활용하는 것이 집단지도자의 주된 역할이다.

둘째, 집단상담 과정에서 장병의 저항을 최소화하는 것이다. 저항에 대하여 불필요하게 언급하거나 추궁하지 말아야 한다. 저항 자체를 존중해 주되 집단 역동에 지장을 주지 않도록 해야 하는 것이다. 아울러 집단에 참여한 장병을 비평가적인 태도로 대하는 것도 중요한 역할 중 하나다. 특히 정의적인 영역의 문제는 정답과 오답이 없다는 사실을 명심하고 장병에게 훈계하거나 주장하지 않도록 해야 한다.

셋째, 집단상담에 적극적으로 참여하지 않는 장병에게는 그의 권리를 존중해 주어야 한다. 개인의 심리적인 문제로 집단활동에 참여하지 않고 자기 차례를 통과시키거나 침묵하는 장병이 나타날 수 있는데, 집단지도자는 끈기와 기다림으로 그 자체를 수용하고 존중해 주어야 한다. 그러나 집단상담 자체를 고의적으로 방해하기 위한 목적으로 침묵하거나 저항하는 경우에는 이를 분명하게 직면할 수 있어야 한다. 아울러 군 집단지도자와 집단에 참여한 장병과는 위계적인 상하 관계가 아니므로 동등한 인간으로 수평적인 관계여야 함을 인식하고 안내자의 역할에 충실해야 한다. 군 집단상담자가 집단에 참여한 장병을 대하는 태도는 〈표 4-3〉에 제시하였다.

〈표 4-3〉 군 집단지도자의 태도

- 장병을 있는 그대로 인정하고 수용한다.
- 장병의 생각을 그릇되게 판단하는 편향적인 시각을 갖지 않는다.
- 장병의 실수와 과오를 꾸짖거나 추궁하지 않고 반응 자체를 존중해 준다.
- 장병을 이끌어야 한다는 지시적 태도와 자기만의 방식을 요구하지 않는다.
- 장병 간 서로 격의 없이 대화할 수 있도록 신뢰감을 준다.
- 참여 장병에게 개인의 종교적 성향을 표출하지 않는다.
- 장병을 부드럽게 대하며 좋은 상담 분위기 조성에 힘쓴다.

2) 집단에 참여한 장병의 역할

집단상담이 시작되고 진행되는 과정에서는 그것이 어떤 상담이든 간에 집단상담을 방해하는 태도들이 나타나게 되는데, 그것은 개인의 욕구를 충족하려는 태도 때문이다. 따라서 집단에 참여한 장병의 기대와 욕구가 무엇인지 아는 것은 집단의 공동목표를 달성하는 데 매우 중요한 요소로 작용한다. 특히, 군 집단은 위계적인 체계로 인해 상담과정에서 하급자 공격하기, 충고하기, 자기방어하기 등이 종종 나타나게 된다. 이러한 장병들의 태도가 나타나지 않게 차단하기 위해서는 군 집단지도자가 직접 시연을 보이는 것이 중요하다. 집단에 참여한 장병의 바람직한 태도를 제시하면 〈표 4-4〉와 같다.

〈표 4-4〉 집단에 참여한 장병의 바람직한 태도

- 집단활동에 충실히 참여한다.
- 집단에 참여한 동료 장병의 이야기를 집중해서 듣는다.
- 집단에 참여한 동료 장병을 공격하지 않는다.
- 집단에 참여한 동료 장병을 평가·진단·충고하지 않는다.
- 관찰자가 되거나 침묵하기보다는 적극적인 참여자가 되도록 노력한다.

제2절 군 집단상담의 원리

군 집단상담은 장병들의 군 복무 부적응에 대한 문제 해결과 성장 및 발달을 조력하여 궁극적으로 전투력을 향상시키는 과정이다. 군 집단상담은 몇 가지 기본 원리를 바탕으로 이루어진다. 예를 들면, 집단에 참여한 장병들 간 서로 상호작용을 통해 변화를 추구하기 위해서는 집단역동이 발현되어야 한다. 이러한 상호교류의 원리를 포함한 군 집단상담의 원리들을 살펴보기로 하겠다.

1. 기본 원리

1) 자기개방의 원리

자기개방은 자기 마음의 문을 활짝 연다는 의미인데, 군 집단상담은 이러한 자기개방의 원리가 절대적으로 필요하다. 자기개방은 다른 말로 자기 노출이라고도 하는데 개인적인 문제와 관심, 욕구와 목표, 기대와 두려움, 희망과 좌절, 즐거움과 고통, 강함과 약함, 개인적 경험 등에 대해 허심탄회하게 털어놓는 것을 말한다. 또한 개인적인 문제나 관심만을 털어놓는 것에 한정하지 않고, 집단지도자와 다른 집단원에게 보이는 반응까지도 자기개방에 포함된다(김헌수 외, 2006). 그러나 장병은 흔히 개방적이지 못한 폐쇄적인 군대문화의 영향과 상명하복의 위계적 상황 그리고 거부에 대한 두려움과 수치감으로 자신을 잘 드러내지 않으려는 경향이 있다. 이에 따라 군 집단상담의 초기과정은 대체로 장병들의 자기개방이 좀처럼 나타나지 않는 경향이 있다.

군대는 군사기밀을 보호하고 작전계획이 노출되지 않도록 군사보안을 철저히

강조한다. 아울러 비밀구역을 지정하여 비밀취급인가자 이외의 다른 사람이 접근하는 것을 철저히 통제한다. 뿐만 아니라 군대에서 있었던 비밀사항을 부대 밖에 노출하지 않도록 정기적인 보안교육도 받는다. 이러한 요인들이 장병의 자기개방에 부정적인 영향을 준다. 그러므로 군 집단지도자는 상담이 시작되기 전 집단에 참여할 장병들을 대상으로 자기개방에 기초한 인간관계와 상호작용의 중요성을 교육할 필요가 있다. 동료를 깊이 이해하고 수용하기 위해서는 자신을 먼저 개방하는 일이 전제되어야 한다는 사실과, 개인의 심리적 문제나 관심사에 대한 통찰을 얻게 하는 것이 자기개방으로부터 출발한다는 것을 인식하도록 해야 한다.

2) 피드백의 원리

피드백이란 상대방의 행동이 나에게 어떤 반응을 일으키고 있는가에 대해 상대방에게 솔직하게 이야기해 주는 것을 말한다. 이러한 피드백은 군 집단상담이 성공적으로 이루어지도록 하는 데 큰 영향을 준다. 피드백은 타인이라는 거울을 통해 자기 자신을 탐색하고 자기 자신을 정확히 이해하도록 하는 등 성장과 발달을 위한 학습으로 작용되는 기술이다. 솔직하고 생산적인 피드백은 피드백을 받는 장병에게 어떤 변화가 필요한지를 알게 하고, 대인관계에서 어떤 태도가 필요한지를 깨닫게 한다.

피드백은 어떤 행동이 일어난 직후에 하는 것이 효과적이다. 구체적인 행동에 대하여 정서적 비판이 아닌 인지적인 태도로 하는 것이 바람직하다. 뿐만 아니라 한 사람의 피드백보다 여러 사람으로부터 받는 피드백이 더 강렬한 힘을 발휘하게 되는데, 그 이유는 여러 사람의 공통된 견해를 무시하기 어렵기 때문이다. 군 집단상담 초기에는 집단지도자가 직접 피드백을 해주어 집단에 참여한 장병들에게 모범을 보이는 것이 중요하다. 그 이후부터는 장병들 상호 간 스스로 피드백이 이루어지도록 하고, 다른 관점과 다른 각도에서 자신을 탐색하고 자기를 조망할 수 있도록 해야 한다.

3) 수용의 원리

군 집단상담은 수용의 원리가 요구된다. 수용이란 집단원 개개인을 있는 그대로 받아들이고 존중하는 것이다. 이러한 수용은 타인에 대한 깊은 수준의 공감적 이해를 가능하게 하고, 과거의 부정적인 경험을 통해 형성된 저항과 방어를 약화시키는 기능을 한다. 뿐만 아니라 자기를 개방하기가 어려웠던 자신의 약점과 관련된 사실과 감정을 노출시킴으로써 변화의 계기를 마련해 준다. 이러한 과정을 통해 집단원은 자기탐색에 더욱 노력하게 되고, 심리적 고통의 원인을 발견함과 동시에 변화와 성장을 이룰 수 있게 되는 것이다(김헌수 외, 2006).

군 집단상담은 대부분 비자발적으로 참여한 장병들을 대상으로 한다는 특징이 있다. 이러한 이유로 초기 집단과정의 참여의식 수준은 매우 낮은 상태에 있게 된다. 집단과정을 통해 혹시나 자신에게 돌아올 불이익이 생각되어 집단참여가 피동적이고 소극적으로 이루어지며, 작은 수용적인 태도도 찾아보기 어렵다. 오히려 집단지도자의 조건 없는 수용에 대해서 불편해 하거나 부담스러워 하는 경향까지 나타나기도 한다. 따라서 군 집단지도자는 집단에 참여한 장병을 진정으로 존중하고 배려하는 모습을 보여야 한다. 진실한 마음으로 그들을 대할 때 장병들 또한 자기 자신뿐만 아니라 동료들을 수용할 수 있게 된다.

4) 감정정화의 원리

군 집단상담은 카타르시스라고 하는 감정정화의 원리가 작동되어야 한다. 감정정화란 내면에 누적되어 있는 감정을 언어나 행동으로 표출함으로써 억눌려 있던 감정을 해소하여 심리적 안정을 찾는 것을 말한다. 이러한 효과로 감정정화는 그 자체로 중요한 치료요인이 되고 있다. 특히 집단에 참여한 장병들 상호간 신뢰감과 응집력을 높이고, 집단의 변화를 촉진하는 원리로 작용되기도 한다. 그러나 단순히 내면의 감정을 표출했다고 해서 모든 감정이 정화되는 것이 아니다. 지금-여기에서 일어나고 있는 자신의 감정수위를 알아차리고, 원인이 무엇으로부터 기인되었는지를 통찰하는 것이 중요하다.

이렇게 감정정화가 치료적 요인임에도 불구하고 군 집단상담 장면에서는 감정을 드러내기가 어려운 것이 현실이다. 그것은 군 조직문화 자체가 개방적이지 못하고 상명하복의 위계적인 서열체계로 조직되어 있기 때문이다. 감정정화가 잘 이루어지지 않아 쌓이게 되면 악성사고나 총기사고로 이어지기도 한다. 따라서 군 집단지도자는 감정정화가 군 집단상담 장면에 적절하게 적용되어, 집단에 참여한 장병들의 부정적인 감정 해소와 더불어 심리적 안정감을 찾도록 해야 할 것이다.

5) 모방학습의 원리

모방학습은 군 집단상담의 중요한 위치를 차지한다. 집단의 유형과 형태에 관계없이 집단에 참여한 장병은 모방학습 과정을 통해 적극적으로 집단활동에 참여하게 된다. 그리고 자신이 소중하고 의미 있는 장병이라는 것을 깨닫게 된다. 이러한 결과는 집단지도자로부터 깊은 이해와 존중을 받아서 얻어지는 것이 아니며, 다른 장병으로부터 긍정적인 지지와 피드백을 받았다 해서 얻어지는 것도 아니다. 비록 조용하고 말이 없는 장병이라 하더라도 또는 계급이 낮은 이등병이라 하더라도 집단에 참여한 다른 동료들을 관찰하고, 집단지도자의 행동과 태도를 대리학습하기 때문이다. 따라서 군 집단지도자는 자신의 태도뿐만 아니라 집단에 참여한 전 장병들의 바람직한 태도가 집단상담 과정에서 매우 중요하다는 것을 인식할 수 있도록 해야 한다.

제3절 군 집단상담의 특징

군 집단상담은 위계적인 상황하에서 이루어지기는 하지만 장병 간 바람직한 대인관계를 터득하는 데 크게 기여한다. 자신이 지니고 있는 유사한 문제와 갈등을 다른 동료들도 똑같이 경험하고 있다는 사실을 알게 되는 순간, 보다 적극적으로 군 생활에 임하게 된다. 군 집단상담은 비자발적인 집단참여가 대부분이지만 국가의 목표와 가치를 추구하는 활동이 주로 이루어져 전투력을 향상하는 데 도움을 준다. 본 절에서는 군 집단상담의 목적과 장·단점을 알아보고, 일반 집단상담과의 차이점을 비교하여 살펴보겠다.

1. 집단상담의 비교

1) 상담의 중점과 회기

일반 집단상담은 개인의 성장과 자아실현에 중점을 둔다. 군 집단상담은 장병 개인의 심리적 어려움을 극복하고 변화를 추구하는 데 관심을 갖지만, 궁극적으로는 부대 전투력 향상에 중점을 둔다. 군 집단상담의 단기적인 목적은 개인의 문제를 해결하여 복무 적응에 기여하게 하는 것이며, 장기적으로는 부대목표를 달성하여 전쟁에서 승리하도록 하는 것이다. 이러한 목적을 달성하기 위한 상담의 회기는 일반 집단상담과 군 집단상담이 다르다. 일반 집단상담의 경우에는 적용하고자 하는 프로그램에 따라 상담회기가 별도로 정해져 있으나, 군 집단상담의 경우에는 사단 및 군단 병영캠프에서 운영되는 요일별 상담회기를 제외하고는 따로 정해져 있지 않은 것이 특징이다.

2) 상담의 주제

일반 집단상담의 경우에는 사전에 상담주제를 정해 놓고 이루어지는 관계로 상담과정이 다소 유연하지 못하다는 평가를 듣는다. 또한 공통의 주제를 선정하고 집단원을 모집하는 과정이 이루어지기 때문에 상당한 준비와 시간을 필요로 한다. 그러나 군 집단상담의 경우는 이와 다르다. 집단에 참여할 대상자들이 평소 같은 부대에서 활동하는 자들이라서 별도로 인원을 모집할 필요가 없다. 또

한 즉각적인 주제를 선정하여 실시할 수 있으며, 사전 준비소요도 그리 많지 않다는 것이 일반 집단상담과 다른 점이다.

3) 상담의 방향성

일반 집단상담은 가치중립적인 입장을 강조한다. 또한 집단원의 개인 의사에 따라 뒤로 물러서서 집단을 관망하거나 집단과정에서 침묵을 유지하는 것도 허용된다. 그러나 군 집단상담은 상담의 방향성 측면에서 일반 상담과 다르다. 국가안보 및 전쟁억제라는 국가의 가치와 전투력 향상이라는 부대목표를 달성하는 데 기여되도록 집단활동이 이루어져야 된다. 다시 말해, 가치중립적이지 않은 가치지향적인 상담이 이루어진다는 점에서 다른 것이다. 또한 상담과정 중에는 개인 장병이 일정 시간 동안 쉼을 제공받을 수 있으나, 의도적으로 자리를 피하거나 상담 자체를 회피하는 일은 절대 허용되지 않는다. 자기를 개방하고 의견을 자유롭게 개진하며 동료들의 행동을 관찰하는 것은 바람직한 행동이 되지만, 상담이 시작될 때부터 마칠 때까지 계속해서 침묵을 유지하거나 관망하는 자세만을 취하는 것은 허용하지 않는다.

4) 상호작용

일반 집단상담과 군 집단상담은 상담방법과 상호작용 측면에서도 서로 다른 점을 가지고 있다. 일반 집단상담은 집단에 자발적으로 참여한 자들이 대부분이다. 또한 개인이 상담비용을 지불하는 관계로 상담에 대한 동기 수준이 높다. 뿐만 아니라 서로 모르는 사람들이 정해진 기간에 모여 상담을 하고 헤어지기 때문에 수평적인 관계에서 활발한 상호작용이 잘 이루어진다.

그러나 군 집단상담의 경우에는 24시간 같은 공간에서 함께 생활하는 장병들이 주요 구성원이 된다. 그렇기 때문에 집단에 참여한 장병들의 집단응집력과 집단효능감, 집단자존감 수준은 높을 수 있으나, 위계적인 분위기로 인해 상호작용은 원활하게 나타나지 않을 가능성이 높다. 군 집단지도자는 이러한 특징을 고려하여 집단상담 초기 과정부터 장병들의 상호작용이 원활하게 나타나도록 하는 데 혼신의 노력을 기울여야 한다.

2. 군 집단상담의 장·단점 비교

1) 군 집단상담의 장점

군 장병은 상담자와 1대 1의 관계가 유지되는 개인상담보다 다수의 인원을 대상으로 하는 집단상담을 더 선호하는 경향이 있다. 개인이 혼자 상담에 참석하는 것보다 여러 동료들이 함께 상담에 참여하는 것이 더 편안하고 자유로움을 느낄 수 있어서다. 이러한 이유로 개인상담에 비해 집단상담의 참여의식이 더 높게 나타난다. 군 집단상담은 모든 장병들에게 해당되는 동일한 부적응의 문제는 아니지만 유사한 심리적 어려움을 가지고 있다는 사실을 발견하게 됨으로써 동료의식과 소속감을 가지게 하는 장점이 있다. 특히, 자신이 속한 부대에서 실시하는 상담에 참여하면, 평소 높은 소속감을 바탕으로 동료들의 의견을 적극 경청할 수 있게 된다. 뿐만 아니라 장병들 상호 간 서로 지지하고 격려하는 행동을 통해 집단의 화합과 단결을 촉진한다.

군에서 실시하는 개인상담은 대부분 간부에 의해 의뢰되거나 비자발적으로 이루어지는 단점이 있다. 그렇기 때문에 상담 참여에 대한 동기가 낮아 상담에 임하는 자세가 피동적이고, 상담 자체를 기피하는 현상으로까지 이어지기도 한다. 그러나 군 집단상담은 이러한 개인상담의 한계를 넘어서는 긍정적인 효과를 제공받는다. 집단상담에 대한 동기수준이 높은 장병은 동료의 관심사나 자신의 감정을 터놓고 이야기하여 집단의 역동을 촉진한다. 또한 자신의 군 생활에 대한 현실검증의 기회로 활용할 수 있다는 점이 큰 장점이다.

2) 군 집단상담의 단점

군 장병 중 일부는 그것이 어떤 상담이든 간에 상담에 참여해서 자신의 모습을 부정적이고 왜곡되게 보이려는 경우가 종종 있다. 각종 힘든 훈련과 어려운 부대활동에서 열외하기 위해 가장되고 꾸며진 거짓 모습을 보일 수 있다. 이와 같이 군 집단상담은 힘든 군 생활을 일시적으로 도피하는 수단으로 이용될 수 있다는 점에서 단점이 될 수 있다.

또 다른 점은 집단상담에 참여한 결과가 오히려 안정된 병영생활로 이어지지 않을 수 있다는 점이다. 이는 비록 일시적 현상이기는 하지만 평소에 자신이 지닌 문제라고 여기지 않았던 점들이 집단상담에 참여하게 됨으로써 문제로 지각될 수 있다. 또한 집단상담 장면에서 수용되고 존중되던 따뜻한 동료들의 모습들이 생활관으로 복귀해서는 다른 모습으로 나타나 혼란을 주기도 한다. 이 같은 현상들은 집단상담 경험을 통해 자신의 가치관과 신념에 갑작스런 변화가 초래되었기 때문에 나타나는 일시적인 현상들이다. 따라서 이러한 현상은 단지 일시적으로 오는 것이기 때문에 단점이라고는 할 수 없으나, 자칫 집단상담에 대한 불신으로 이어질 수 있다는 점에서 굳이 단점으로 구분하였다.

한편, 군 간부가 집단지도자 역할을 수행하는 경우에서는 지도자로서의 상담역량이 부족할 수 있다. 집단지도자로서 상담역량과 전문가적 자질이 부족하면 집단상담에 참여한 장병들에게 좋지 않은 영향을 미치게 된다. 그렇기 때문에 군 집단지도자는 몇 번의 집단상담 과정을 경험했다 해서 지도자 역할을 바로 하는 것은 위험하다. 반드시 정식 지도자 훈련이나 집단원으로 참여하는 과정을 충분히 경험한 후 지도자 역할을 해야 한다.

마지막으로, 군 집단상담은 부대목표 달성에 기여하고 부대 전투력을 향상하기 위해 필요한 활동이다. 따라서 이를 고려한 집단상담 프로그램이 개발되어 다양하게 활용되어야 하는데 현실은 그렇지 못하다. 이러한 단점은 군에서 이루어지는 상담서비스가 아직도 개인상담 위주로 제공되고 있기 때문에 나타나는 현상이다. 다행히 삼육대학교를 포함한 일부 대학교에서 군 병영캠프제도 발전과 군 집단상담 프로그램에 대한 연구가 이루어졌는데 다행한 일이 아닐 수 없다. 2016년 연구용역 결과가 군 집단상담 발전과 프로그램 활용에 기여되고, 야전에서 이를 적극 활용하는 계기가 되기를 기대한다.

3. 집단상담의 특징과 차이점 비교

1) 일반 집단상담과 군 집단상담의 차이점 비교

일반 집단상담과 군 집단상담의 특징은 유사점이 많다. 문제해결 과정에 중점을 두고 주관적인 경험에 초점을 맞춘다는 점과, 특정 집단원의 반응이 주관적인 것으로 수용되기 때문에 자신의 의견과 상반된다 할지라도 허용될 수 있다는 점이다. 그리고 자신이 지닌 특성의 차이를 인식하여 성장의 기회로 삼을 수 있다는 점이 유사하다. 반면, 상담목적과 가치의 방향성에서는 분명하게 다른 점이 있는데, 그 차이점을 살펴보도록 하자.

〈표 4-5〉 일반 집단상담과 군 집단상담의 차이점 비교

구분		일반 집단상담	군 집단상담
상담 목적	최종	개인의 자아실현	국가목표 달성
	중간	개인의 성장	부대목표 달성
	단기	개인문제 해결	부대 적응
상호작용 형태		수평적	복합적·수직적
상호작용 환경		한시적	지속적
주제 구성		경직	유연
조직의 역동성		• 수평적 속성 • 친밀성과 응집력이 중요 • 개인과 집단목표의 연계	• 위계적 속성 • 충성심과 복종심의 존재 • 개인과 지휘목표의 연계
가치의 방향성		가치중립성	가치지향성

출처: 한국군상담학회(2009).

2) 군 집단토의와 집단상담의 차이점

군 집단토의와 집단지도, 집단상담은 서로 밀접한 관련성을 가지고 있다. 그러나 이론적으로나 특징적으로 동일하지 않은 점이 많은데 이를 살펴보자.

(1) 군 집단토의와 집단상담

군 집단토의는 개관적 사실을 주로 다룬다. 집단토의는 주제를 대상으로 이루어지기 때문에 내용과 결과가 중심이 되며, 또한 특정한 목표에 도달하도록 집단을 설득하고 이끌기 때문에 집단과정은 중요하게 여기지 않는 특징이 있다. 의견의 옳고 그름을 중심으로 토의가 이루어지고 집단규칙과 질서를 강조한다. 이와 같은 이유로 군 집단토의장에 들어서면 의견이 분분하게 대립되는 장면을 종종 목격할 수 있다.

반면, 군 집단상담은 어떤 과제의 해결을 위한 수단으로 활용되는 것이 아니라, 친밀감과 신뢰감을 발달시키는 집단과정을 더 중시한다. 집단원의 반응이 수용되고 허용되기 때문에 상반된 의견이 장려된다. 또한 집단토의에서는 객관적인 사실만을 취급하기 때문에 상호작용과 집단의 역동을 찾아보기 어렵지만, 집단상담은 집단역동이 활발하게 나타난다.

(2) 군 집단지도와 집단상담

군은 그 특성상 위계적 구조와 기능 및 역할이 정해져 있고, 추구하는 가치와 목표가 있기 때문에 이를 달성하기 위한 집단지도가 필요하다. 군 집단지도는 군 생활에 필요한 정보를 제공하는 교육적 내용을 주로 다룬다. 군 집단지도와 집단상담은 일부 관련성은 가지고 있으나 이론적으로나 특성상 동일하지 않다. 따라서 군 집단지도가 집단상담보다 더 중요하다고 일부에서 주장하는 것은 타당성이 없는 것이다.

군 집단지도는 정보제공 위주의 인지적 교육과정이다. 그러나 군 집단상담은 장병의 자기 이해를 증진하고 병영생활과 관련하여 나타나기 쉬운 갈등 등을 취급하는 정서적 과정이다. 또한 군 집단지도는 소대 단위의 집단을 대상으로 정보제공과 능력개발을 목표로 간부 중심으로 접근하지만, 집단상담은 분대 단위 집단을 대상으로 정서적인 문제를 다루고, 공동의 목표에 접근한다는 점에서 다르다.

제4절 군 집단상담의 유형

군에서 발생하는 여러 가지 심리적인 문제를 실제적으로 다루는 일은 쉬운 일이 아니다. 입대 후 군에 적응하지 못하면 여러 가지 심리적인 어려움과 대인관계 갈등을 경험한다. 그뿐만 아니라 이러한 부적응이 해결이 되지 않을 경우에는 각종 사고로 이어지기도 한다. 따라서 이러한 사고를 발생시킬 가능성이 있는 장병을 조기에 발견하고 치료하는 일은 매우 중요한 과업이 아닐 수 없다. 갈등과 문제해결이 지연되거나 혹은 미온적으로 처리하여 부대 전투력이 약화되는 것을 예방해야 되기 때문이다. 군 집단상담의 유형은 장병들의 다양한 심리적인 갈등 및 문제해결과 이를 통한 전투력 향상이라는 측면을 고려하여 크게 문제해결 집단상담과 전투력 향상 집단상담, 잠재능력계발 집단상담으로 구분하는데 이를 살펴보도록 하겠다.

1. 문제해결 집단상담

1) 자살예방 집단상담

군은 장병들의 자살을 예방하기 위해 다양한 노력을 기울이고 있다. 구타 및 가혹행위를 금지할 뿐만 아니라 위반자에 대한 강력한 처벌, 자살예방시스템을

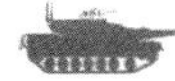

가동하는 등 다각도에서 힘쓰고 있다. 그 결과 군 장병 자살률이 해마다 낮아지고 있는데 고무적인 현상이 아닐 수 없다. 군에서 자살을 예방하기 위한 대책과 조력방법은 그 어떤 것보다도 섬세한 주의와 관심을 요하는 일이다. 장병의 자살예방은 개인상담으로 접근하는 방법과 집단상담으로 접근하는 방법이 있는데, 그중 집단상담은 집단 내 타인의 반응과 치유 경험을 함께 나누는 과정으로 이루어지기 때문에 자살예방에 큰 효과가 있다.

2) PTSD 예방 집단상담

PTSD는 한 번 겪게 되면 재발할 가능성이 매우 높은 특징이 있다. 과거에 PTSD에 노출되었던 경험이 있는 경우에는 노출 경험이 없는 장병과 비교할 때 장애로 진행될 위험성이 2배나 높아지며, 조기에 치료를 받지 않으면 만성질환으로 발전될 가능성이 있다는 연구들이 있어 왔다.

서해교전과 천안함 폭침의 충격적인 외상을 경험한 장병들 중 일부는 아직도 PTSD 후유증으로 인해 고통을 겪고 있는 것으로 보고되고 있는데, 치료시기를 놓친 장병이 대부분이라는 분석도 있다. 해외파병 활동 중 경험한 충격적인 외상 사건이나 테러, 악성사고를 경험한 군 장병은 PTSD에 대응하는 집단상담을 통해 적절한 치료와 관리를 받을 수 있어야 한다.

3) 미디어 중독예방 집단상담

현대는 정보화시대다. 정보화시대의 특징은 인터넷과 스마트폰이 한 축을 담당하고 있다는 의미를 내포한다. 세계화의 핵심 자리에 인터넷과 스마트폰이 위치하였다는 뜻도 된다. 우리 군은 이러한 정보화시대를 맞이하여 군 정보화에 대한 혁신과 과학화된 군대로 거듭나기 위해 많은 노력을 기울이고 있다. 또한 장병들의 미디어 중독에 대한 예방과 치료를 위해서 군 조직 차원의 적극적인 개입을 준비하고 있다. 이러한 점에서 군 장병의 미디어 중독 치료와 예방에 대한 집단상담은 어느 상담 못지않게 적극적으로 이루어질 필요가 있는 것이다.

2. 전투력 향상 집단상담

1) 폭력행위 예방 집단상담

군대 내에서 이루어지는 폭력행위로는 언어폭력, 구타 및 가혹행위, 동성 및 이성 간 이루어지는 성폭력 등이 해당될 수 있다. 중요한 것은 이러한 폭력행위가 아직까지 근절되지 않고 계속해서 발생하고 있다는 점이다. 오히려 해가 거듭될수록 폭력성 행위들이 같은 양상으로 반복되어 나타나고, 심지어는 신종 양상으로까지 발전되어 나타나고 있다는 데 심각성이 있다. 군에서는 이러한 폭력행위를 예방하기 위해 주기적으로 장병 인권교육을 실시하고, 위반자에게는 강력한 처벌을 가하고 있으나 기대수준에 못 미치고 있다. 앞으로는 폭력행위를 근절시키는 방법을 주입식 및 처벌 위주 교육에서 집단상담을 적극 활용하는 방향으로 전환할 필요가 있다고 본다.

2) 병영문화 개선 집단상담

군대는 아차 하는 순간에 소중한 생명을 앗아 갈 수 있는 급박한 상황들이 많다. 그렇기 때문에 상급자의 명령과 지시에 절대적으로 복종하는 것은 조직구성원 전체의 생명과 안전을 위해 꼭 필요하다. 그러나 그것이 24시간 모든 군 생활에 적용되어서는 오히려 군복무에 해가 될 수 있다. 그 이유는 하급자의 인격과 기본권이 무시되고, 계급과 권위의 정당성만이 강조될 가능성이 있기 때문이다. 따라서 상호 존중과 배려의 병영문화가 정착되고, 이를 통해 활기차고 명랑한 군 생활이 되기 위해서는 병영문화 개선 집단상담에 큰 관심을 기울일 필요가 있다.

3) 다문화 집단상담

21세기의 큰 흐름 중 하나는 전 세계가 다문화 국가로 변해 가고 있다는 사실이다. 우리나라에서만 인종과 언어, 종교의 다양성이 공존하는 현실을 마주하는 것이 아니다. 우리 군은 세계적인 다문화의 큰 흐름과 다문화 현실을 감안하여, 이미 오래전부터 다문화 군대로 전환할 준비에 만전을 기하고 있다(육군본부, 2010). 다문화 장병들이 군에 입대하더라도 일반 장병과의 문화적 갈등을 사전에 차단하고, 다문화 장병이 지닌 다양한 잠재능력을 적극 활용하기 위해서다. 다이나믹하고 활기찬 병영생활이 이루어지고, 한 단계 격상된 전투력을 유지하기 위해서는 다문화 집단상담 프로그램을 다양하게 준비할 필요가 있다.

3. 잠재능력계발 집단상담

1) 진로 집단상담

군에 대한 장병들의 인식은 아직도 부정적인 측면이 많다. 군 복무하는 시간에 공부와 같은 생산적인 일을 하게 되면 많은 성과를 낼 수 있는데, 군 생활에서 마주하는 현실은 그렇지 못하다는 것이다. 입대해서 전역하기까지 2년 가까운 시간은 버려지는 시간으로 생각한다. 이에 대한 대안은 진로지도 집단상담을 조기에 활용하는 것이다. 진로 집단상담은 장병들의 진로문제에 효과적으로 대처하는 능력을 배양함과 동시에 장병의 군 적응과 부대목표를 달성하는 데에도 크게 기여한다(정경조, 2014). 특히 진로 집단상담은 장병들로 하여금 생산적인 군 생활을 영위하도록 하고, 군 생활 만족감을 느끼도록 하는 데 큰 도움이 된다.

2) 긍정 집단상담

군의 주요 상담관련 활동은 장병들의 부적응 문제해결에 초점을 맞춘다. 장병의 심리적 어려움과 고충을 해결하고, 대인관계 갈등을 처리하는 데 많은 관심과 노력을 기울이고 있는 것이다. 이로 인해 부적응 병사에게만 상담 시간이 맞추어져 있어 대다수 건강한 장병들은 상담 서비스를 제대로 제공받지 못하고 있다. 다시 말해, 장병 개인의 행복과 잠재력을 증진하는 데 소홀히 하고 있는 것이다.

그러나 2000년도부터 인간의 긍정적인 측면을 강조하는 긍정심리학(positive psychology)이 등장하면서 군대도 장병 개인의 잠재력을 계발할 수 있는 긍정기관으로 인식하고 있다. 동시에 군 집단상담 역시 긍정심리 방향으로 변화되어야 한다는 목소리가 많아지고 있는 것은 다행한 일이 아닐 수 없다.

① 일반 집단상담은 집단지도자가 다수의 구성원을 대상으로 신뢰할 수 있고 수용적인 분위기 속에서 역동적인 상호작용을 통해 개인의 성장발달과 인간관계발달 능력을 촉진하는 활동이다. 군 집단상담은 장병 개인의 성장과 발달을 조력하지 않는 것은 아니지만 그보다는 부적응 문제를 해결하여 부대목표를 달성하고, 전투력을 향상시키기 위한 목적으로 실시한다는 점에서 일반 집단상담과 다르다.

② 군 집단상담은 군 조직의 특수성이 반영되어야 하며 집단행동의 원리가 적용되어야 한다. 그렇다고 군 집단상담의 원리가 일반 집단상담에서 적용되는 원리와 전혀 상이하게 적용되어야 한다는 의미는 아니다. 자기개방의 원리와 집단원을 있는 그대로 받아들이고 인정하는 수용의 원리 그리고 감정정화의 원리가 바탕이 되어야 한다. 또한 상대방의 행동이 나에게 어떤 반응을 일으키고 있는가에 대해 상대방에게 솔직하게 이야기해 주는 피드백의 원리와 모방학습의 원리 등이 적용된다.

③ 군 집단상담은 집단토의, 집단지도와 서로 밀접한 관련성이 있으면서도 이론적인 측면에서는 동일하지 않다. 군 집단상담의 장점으로는 장병으로 하여금 비난이나 질책에 대한 두려움 없이 군 생활 적응에 대해 검증해 볼 수 있는 기회를 제공한다. 그러나 단점으로는 군 집단지도자의 자질과 지도성이 부족하게 되면, 집단에 참여한 장병들에게 부정적인 영향을 끼칠 위험성을 내포하고 있다.

④ 유형별 군 집단상담은 장병들의 심리적인 문제와 전투력 향상, 잠재능력 계발을 고려한다. 개인문제해결 집단상담은 자살예방, 미디어 중독예방과 치료, PTSD 예방 집단상담 유형으로 구분한다. 전투력 향상 집단상담 유형으로는 폭력행위 예방, 병영문화 개선, 다문화 집단상담 유형 등이 있다. 잠재능력계발 유형으로는 진로지도 집단상담과 긍정심리 집단상담 유형으로 구분한다.

CHAPTER

5

군 집단상담의 진행과정

군 집단상담은 두 사람 이상의 장병이 서로 상호 간 긍정적인 영향을 미치는 변화의 과정이자 군 조직의 목표를 향해 전진하는 과정을 의미한다. 군 집단상담이 진행되는 단계는 일반 집단상담과 마찬가지로 준비단계로부터 종결단계에 이르기까지 연속적인 과정으로 이루어진다. 그렇기 때문에 상담과정을 독립적인 단계로 구분하는 것은 바람직하지 않다. 그러나 군 조직의 특수성이 어떻게 반영되고, 어떻게 활용되고 있는가를 자세히 살펴보기 위해서는 집단상담 과정을 몇 단계로 구분하여 알아보는 것이 효과적이다.

따라서 본 장에서는 군 집단상담의 진행과정을 단계별로 살펴볼 것이다. 먼저 집단상담의 준비단계를 알아본 후, 집단상담의 시작과 참여 그리고 해결과정이 이루어지는 실시단계를 살펴보고, 미지막으로 종결단계를 탐색해 보겠다.

제1절 군 집단상담의 준비단계

군 집단상담은 집단역동의 흐름과 집단 변화요인을 충분히 고려하여 준비한다. 군 집단지도자는 상담을 시작하기 전에 집단구성에 관련된 몇 가지 사항을 기본적으로 준비해야 되는데, 그것은 집단목표를 구체적으로 제시하는 것이다. 그 다음으로 집단목표를 달성하기에 적합한 집단의 크기와 상담 회기, 집단의 지속기간 등을 미리 정해 놓는다. 특히, 사전 장병교육을 통해 상담에 대한 잘못된 기대를 바르게 인식시키고, 상담동기를 높이는 작업도 동시에 이루어지게 된다. 군 집단상담의 준비단계에서 이루어지는 주요 활동에 대해 알아보겠다.

1. 집단의 준비

1) 집단의 크기

집단의 크기를 준비할 때 고려할 사항은 집단의 규모를 얼마의 크기로 할 것인가 하는 문제다. 집단의 크기가 너무 작으면 집단원의 상호작용이 잘 이루어지지 않을 수 있고, 집단역동 또한 충분히 일어나지 않을 가능성이 있다. 집단의 크기가 작으면 침묵을 유지한다든지 혹은 집단활동에서 잠시 뒤에 있다든지 하는 자유로움을 빼앗길 수 있다. 이로 인해 상담참여에 대한 압력이 커지고 집단분위기가 경직되어 상담효과가 반감될 수 있다.

반면, 집단의 크기가 너무 커도 집단활동에 바람직하지 않을 수 있다. 집단이 크면 집단에 참여한 장병 중 일부는 상담활동에 적극적으로 참여할 기회를 얻지 못한다. 뿐만 아니라 집단지도자가 각 장병에게 적절한 주의를 기울이지 못하게 된다. 이러한 점 때문에 집단의 크기를 결정하기 위해서는 집단이 추구하고자 하는 가치와 목표를 고려해야 한다. 집단의 크기는 일반 집단상담의 경우, 학자

들마다 다르게 주장하고 있으나 통상 4~5명에서 10명 이내로 구성하는 것이 일반적이다.

그러나 군은 전투편성표 단위로 부대가 운영되고 있다는 점이 고려되어야 한다. 군에서 이루어지는 집단상담은 부대목표 달성과 전투력 향상을 위한 하나의 수단이 되기 때문에 반 또는 분대 규모로 구성하는 것이 바람직하다. 병과 및 부대 유형에 따라 반 및 분대 규모가 상이하게 편성된 것을 고려해 본다면 6~12명으로 구성하는 것이 적절하다. 그러나 최대 15명까지도 구성이 가능하다.

2) 집단상담 시간

군 집단상담의 진행시간은 실시하고자 하는 프로그램에 따라 다를 수 있다. 기본적으로는 일과시간 규정을 고려할 때 60분 단위로 진행하는 것이 적당하다. 국방부의 일과시간 기준은 오전 9시에서 오후 5시까지로 규정되어 있으며, 표준 일과표 시간은 1시간 단위로 구분된다. 그러나 집단에 참여한 장병의 수와 집단상담 참여 횟수, 성숙도, 그리고 부대의 당면과제와 상황에 따라 달라질 수 있다. 군 집단지도자는 이러한 점을 고려하여 집단상담 시간을 적절히 편성하는 데 관심을 기울여야 한다. 규정된 시간엄수의 중요성도 고려해야 하며, 집단상담의 시작과 종결시간도 지켜야 한다. 집단상담을 연속적으로 실시하는 경우에는 회기마다 소요되는 시간을 장병들에게 자세히 알려 주고, 종결 예정시간도 미리 알려 주는 것이 바람직하다.

3) 집단상담 장소

군 집단지도자는 집단상담이 이루어지는 장소를 미리 선정해 놓는다. 상담 장소는 외부로부터 상담활동이 방해받지 않는 곳으로 선정하는 것이 중요하다. 통

상 군 집단상담은 병영생활관에서 주로 실시한다. 만약 생활관이 아닌 별도의 장소에서 하게 된다면 집단에 참여한 장병들이 편안하게 느낄 수 있고, 시끄럽지 않은 조용한 곳으로 선정해야 한다. 특히 간부연구실이나 종교시설, 체육시설 등도 군 집단상담 장소로 활용이 가능하나, 상담 장소 주변에서 소음이 발생되지 않도록 사전에 주의를 공지하는 것이 필요하다. 아울러 시설 출입문에 상담을 실시하고 있다는 표시를 해두어 상담이 방해받지 않도록 조치해야 한다.

4) 오리엔테이션

군 집단지도자는 집단상담을 시작하기 전 집단에 참여할 장병들을 대상으로 상담동기를 부여하는 것이 필요하다. 집단상담이 이루어지기 전 실시하는 오리엔테이션은 지휘관 시간을 활용하는 것이 바람직하다. 오리엔테이션은 상담에 대한 비현실적인 기대와 불안을 줄여 줄 뿐만 아니라 적극적이고 능동적인 자세로 상담에 참여할 수 있도록 도움을 준다. 따라서 이때에는 군 집단상담의 의미와 필요성, 집단규칙, 집단원의 역할과 집단과정 등을 자세히 설명해 주고, 집단상담을 통해 얻을 수 있는 성과를 알려 준다. 또한 집단상담이 이루어질 장소와 시간, 회기, 전체 기간 등 집단의 운영과 관련된 모든 정보를 자세하게 제공해 주며, 궁금한 것에 대한 질의와 답변 시간을 갖는다.

2. 집단의 구성

군 집단상담이 이루어지기 전에 준비해야 하는 또 다른 사항은 집단을 미리 구성해 놓는 것이다. 군 집단상담의 형태는 구조화집단과 비구조화집단 및 반구조화집단으로 구성하며, 상황과 여건에 따라서는 동질집단과 이질집단으로 구성하기도 한다. 집단구성을 어느 형태로 준비하느냐 하는 것은 각 형태마다 장·단점이 있으므로 상황에 맞게 적절하게 적용하면 된다. 대대급 부대에서는 대대

내 소속이 다른 장병을 대상으로 구성하되, 계급을 고려하지 않고 편성하는 것이 효율적이다. 군 집단 구성의 예를 소개하면 다음과 같다.

- 특정 계급별로 편성한다(예: 이병, 일병, 상병, 병장 등).
- 계급이 혼합된 집단으로 편성한다(예: 장교, 부사관, 병사 등).
- 특정 직책별로 편성한다(예: 분대장, 부분대장, 소총수 등).
- 특정 주특기로 편성한다(예: 운전병, 행정병, 지뢰병 등).
- 소속 부대별 특정 분대원으로 편성한다(예: 각 소대 1분대 5번 소총수).
- 특정 임무수행 장병들로 편성한다(예: 해외파병준비 장병, 국군의날 행사 지원병 등)

1) 동질집단과 이질집단

동질집단은 비슷한 특성을 가진 사람들로 구성된 집단을 말한다. 병사들로만 구성된 집단이라든지 혹은 여군들로만 구성된 집단이 이에 해당한다. 동질집단은 집단에 참여한 동료 장병들 간 갈등이 적고, 서로에게 지지적인 위치에 있어 집단응집력이 빨리 형성되는 특징이 있다. 또한 자기와 비슷한 동료들이 있음을 알고 안심되어 긴장감을 덜 느끼는 장점이 있는 반면, 서로 주고받는 피드백과 상호작용이 피상적이 되기 쉬워 행동변화와 성장에 방해를 받을 수 있다는 단점이 있다.

이질집단은 다양한 특성을 가진 사람들로 구성한 집단을 말한다. 예를 든다면, 군 간부와 병사를 혼합하여 구성한 집단이 된다. 이질집단의 장점은 이질적인 특성의 차이로 인해 그 차이점을 이해하려고 노력하는 과정에서 다양한 상호작용을 경험할 수 있다. 그러나 병사의 경우에는 집단에 참여한 간부들의 눈치가 보여 자신을 솔직하게 개방하기가 어려우며, 이에 따라 집단역동이 충분히 나타나지 않을 가능성이 있다.

2) 개방집단과 폐쇄집단

개방집단은 집단상담이 진행되는 과정에서 집단에 참여하기를 희망하는 새로운 사람이 나타나면 이를 받아들이는 집단을 말한다. 개방집단은 처음부터 집단의 크기를 작게 하고 출발하거나, 중간에 이탈한 집단원의 자리를 메우기 위한 집단형태다. 군 집단상담은 대부분 개방집단으로 구성하는데 그 이유는 부대 특성상 불시에 이루어지는 검열이나 지도방문 등으로 집단에 참여한 장병이 자리를 비우거나 뒤늦게 합류하는 일이 자주 발생하기 때문이다. 일부 장병이 도중에 집단을 이탈할 경우에는 집단의 크기가 작아 집단의 상호작용이 위축될 수 있다. 또 결원된 집단원이 충원되었다 해서 긍정적인 측면만이 있는 것은 아니다. 휴가를 보내고 부대에 복귀한 장병이 새롭게 집단에 들어오게 되는 경우에는 기존 집단에 참여한 장병들과의 의사소통이나 수용, 지지 등이 부족해 집단역동의 흐름이 깨어질 수도 있기 때문이다.

한편, 폐쇄집단은 상담이 시작될 때 참여했던 사람들을 대상으로 끝까지 상담을 진행하는 형태를 말한다. 그래서 폐쇄집단은 상담과정에서 이탈자가 생겨도 새로운 사람을 채워 넣지 않는다. 군의 경우에는 주로 병영캠프에서 폐쇄집단을 운영하는데 병영캠프에서는 오직 캠프에 입소한 장병들만을 대상으로 상담활동이 이루어지기 때문에 가능하다. 일상적인 부대업무에서 열외할 수가 있고, 캠프가 끝날 때까지 캠프에서 이루어지는 활동에만 집중할 수 있는 여건이 보장된다. 이러한 폐쇄집단은 정해진 인원과 시간을 미리 정해 놓고 이루어지기 때문에 집단의 안정성이 개방집단에 비해 높은 수준이며, 집단에 참여한 장병들 간 상호교류가 활발히 이루어지는 장점이 있다.

3) 구조화집단과 비구조화집단 및 반구조회집단

군은 일반적으로 구조화집단을 많이 운영한다. 그 이유는 명령과 복종 그리고 위계체계를 중요하게 여기는 조직이라서 장병들의 자발적이고 자유로운 의사소통을 기대하기 어렵기 때문이다. 하지만 상황에 따라 구조화집단이 아닌 비구조화나 반구조화집단을 구성하기도 한다. 구조화집단은 집단지도자가 집단의 목표와 과정을 정해 놓은 후 사전에 계획된 프로그램을 미리 제시하고, 지도자 주도하에 집단을 진행시키는 형태를 말하며 집단의 목표와 기대효과를 정확히 주지시키고 진행하는 것이 특징이다.

반면, 비구조화집단은 집단의 목표, 과제, 활동방법을 미리 정해 놓지 않고 집단 스스로 정해 나가는 집단형태를 말한다. 이에 따라 비구조화집단은 집단에 참여한 장병들의 자발성이 요구된다. 집단의 심리적인 관계를 중요한 작업 대상으로 삼으며 집단에 참여한 장병의 관계를 분석하고, 장병 개인의 갈등과 장병 상호 간 갈등을 해결하는 것을 주요 목표로 삼는다.

한편, 반구조화집단은 비구조화집단으로 운영하지만 필요할 때마다 구조화집단을 이용하는 방식으로 이루어지는 집단형태를 말한다. 이는 구조화집단과 비구조화집단을 혼용한 집단형태로 통상 군에서는 잘 활용하지 않는다.

제2절 군 집단상담의 실시단계

군 집단상담의 실시단계는 집단의 변화와 발달이 집중적으로 이루어지는 단계가 된다. 그러므로 군 집단지도자는 집단의 변화와 발달에 대한 통찰력을 지니고 있어야 하고, 이를 생산적으로 활용할 수 있는 능력을 갖추고 있어야 한다. 집단상담의 실시단계는 여러 과정이 복합적으로 진행되기 때문에 학자들마다 의견이 다양하다. 이형득은 시작단계·갈등단계·응집성 발달단계·생산적 단계·종결단계로 나누어 설명하고 있으며, 이장호는 참여단계·과도적 단계·작업 단계·종결단계로 구분하고 있다. Corey는 집단시작 전 단계·초기단계·과도기단계·작업단계·종결단계 등 5단계로 구분하여 설명하고 있다.

군 집단상담은 마라톤 형식으로 하루 종일 또는 1박 2일 동안 집중적으로 진행하기 어려운 단점이 있다. 일반적으로 일일 1시간 단위로 주별 1회기씩을 진행하며, 상담과정은 일반 상담과 별반 다르지 않게 이루어진다. 이러한 점들을 고려한 군 집단상담의 실시단계는 시작과정·참여과정·해결과정으로 구분하여 진행할 수 있으며 그 과정은 〈표 5-1〉과 같다.

〈표 5-1〉 군 집단상담의 실시단계

구분	내용
시작과정	참여 장병들 간 친밀하고 신뢰로운 관계를 형성하는 과정
참여과정	참여 장병들의 저항과 갈등을 처리하고 응집성을 발달시키는 과정
해결과정	각자 당면한 다양한 개인문제 해결과 부대목표를 달성하는 과정

1. 과정별 특징

1) 시작과정

군 집단상담의 시작과정에서는 집단에 참여한 장병 상호 간 탐색이 주로 이루어진다. 집단원은 집단에서 어떻게 행동해야 하는지를 잘 몰라 불안을 느낄 수 있으며, 대부분 침묵을 유지하여 집단분위기가 가라앉는다. 동시에 집단에서의 자기 역할과 위치를 파악하려 하고, 불안한 심리상태에서 벗어나려는 시도를 하게 된다. 그렇기 때문에 시작과정에서의 중요한 과업은 집단의 분위기를 안정되게 조성하고, 예기불안을 제거하는 것이다. 또한 집단에 참여한 장병 상호 간 신뢰감을 형성하고, 행동목표를 구체적으로 설정하는 작업이 잘 이루어져야 한다.

시작과정에서 군 집단지도자의 역할은 집단에 참여한 장병이 자신의 심리적 문제를 해결하고, 활기찬 군 생활을 위해 집단활동에 적극 참여하도록 안내자 역할을 하는 것이다. 집단에 참여한 장병 간 서로 친밀하고 지지적인 관계가 유지되도록 하며, 존중과 배려를 경험할 수 있도록 한다. 또한 집단활동에 적극적이고 능동적으로 참여할 수 있도록 지속적으로 참여의식을 고취시킨다. 시작과정에서 군 집단지도자의 역할은 〈표 5-2〉에 제시하였다.

〈표 5-2〉 시작단계에서 군 집단지도자의 역할

① 장병 소개 ② 예기불안에 대한 집단지도자의 자기노출 시연 ③ 집단의 구조화 • 집단의 성격과 목적, 상담 절차, 각자의 역할, 지켜야 할 규칙 등 설명 ④ 행동목표 설정 • 집단 발달에 도움이 되는 목표(예: 경청하기, 자기노출하기, 공감하기 등) • 개인이 도움을 받고자 하는 목표(예: 대인관계 기술, 의사소통 기술 등)

2) 참여과정

군 집단상담의 참여과정은 문제 해결과정으로 넘어가는 중간과정이다. 시작과정에서 비교적 편안하게 장병들의 소개와 집단의 구조화가 이루어졌다면, 이제부터는 문제를 해결하기 위한 과정이 본격적으로 이루어져야 하며, 집단의 관심과 상호작용의 초점이 개인에게로 옮겨지게 해야 된다. 이에 따라 집단에 참여한 장병들은 심적인 부담이 생겨 집단활동에 적극적인 참여를 주저하는 모습이 나타나기도 한다.

따라서 참여과정에서는 집단분위기를 더욱 따뜻하고 안정되게 조성하고, 장병들의 상호작용이 활발하게 이루어지도록 하는 것이 무엇보다 중요하다. 장병들이 지니고 있는 그대로의 느낌과 생각을 서로 공유하게 하고, 새로운 행동을 시도해도 가능한 곳이라는 믿음을 가질 수 있도록 하는 것이다. 아울러 온정적이고 긍정적이며 수용적인 태도로 장병을 대해야 함은 물론 지지 반응을 보여야 한다. 집단에 참여한 장병 상호 간 신뢰감이 결여되면 집단의 상호작용은 피상적으로 되기 쉬울 뿐만 아니라 깊이 있는 자기개방을 어렵게 하고 따뜻한 맞닥뜨

림도 나타나지 않을 가능성이 있다.

군 집단상담 과정에서는 군 특성상 하급자를 비난하거나 충고, 저항, 방어, 침묵하는 행위들이 곧잘 나타난다. 군에 대한 불평불만이 표출되기도 하고, 계급이 높은 선임병사들 사이에서는 경쟁이 벌어지기도 한다. 따라서 집단지도자는 집단상담에 참여한 장병들이 서로 깊이 있는 상호작용을 하도록 조력하고, 이를 통해 집단역동이 일어나도록 촉진자 역할을 해야 한다. 참여과정에서의 군 집단지도자 역할을 〈표 5-3〉에 제시하였다.

〈표 5-3〉 참여과정에서 군 집단지도자의 역할

① 집단에 대한 수동적 행동 근절: 집단활동의 책임과 역할을 장병에게 이양한다.
② 개인문제 해결에 대한 저항 처리: 침묵, 충고, 독점, 피상적 행동을 조력한다.
③ 반항적인 행동, 힘겨루기, 경쟁 처리: 부정적 감정 표출과 따뜻한 직면을 한다.
④ 장병 행동변화 촉진: 깊은 상호작용, 우리의식, 소속감을 발달시킨다.

3) 해결과정

해결과정은 군 집단상담에서 가장 핵심이 되는 과정이다. 그 이유는 집단상담의 궁극적인 목적인 행동변화를 촉진하는 단계이기 때문이다. 시작과정과 참여과정에서 장병들 상호 간 신뢰감이 형성되고 갈등이 해결되면, 이제는 각자의 개인문제를 드러내 놓고 피드백을 주고받는 과정이 이루어져야 한다. 따라서 해결과정에서는 각자의 바람직하지 않은 군 생활 행동패턴을 버리고 보다 생산적인 대안행동을 학습하는 데 초점을 둔다. 이형득 등(2010)은 이 단계에서 자기노출과 감정의 정화, 비효과적인 행동패턴의 취급, 바람직한 대안행동을 취급하는 것을 주요 과업으로 강조하였는데, 이를 군 집단에 적용해 보자.

먼저, 자기노출과 감정정화는 집단에 참여한 어느 한 장병이 자신의 부적응에 대한 문제를 노출하는 것부터 시작될 수 있다. 이때 다른 장병은 공감과 자기노출로 그 문제와 관련된 여러 가지 감정적 응어리를 토로하게 하는 것이다. 비효율적인 행동패턴 취급은 적극적인 군 생활을 회피하는 개인적인 부적응 행동패턴을 탐색하고, 이를 수용하도록 돕는 것을 의미한다. 바람직한 대안행동의 취급은 자기의 비효율적인 군 생활 행동패턴을 깨달은 후, 생산적이고 바람직한 군 생활 대안행동을 선택하도록 학습하는 것이다. 해결과정에서 군 집단지도자의 역할은 〈표 5-4〉와 같다.

〈표 5-4〉 해결과정에서 군 집단지도자의 역할

① 장병의 자기노출과 감정의 정화 • 부정적 감정을 노출할 수 있도록 지도자의 유사 경험을 자기노출한다. • 적절한 공감과 지지로 집단에서 이해받고 수용되고 있음을 경험한다. ② 역기능적 행동패턴을 탐색하고 이해, 수용하는 작업 • 효과적인 피드백과 맞닥뜨림으로 자신의 비합리적 행동패턴을 지각한다. • 군 생활 행동패턴과 집단 내에서 나타난 행동패턴을 연결한다. ③ 바람직한 군 복무 대안행동의 탐색과 선택 및 학습 • 브레인스토밍을 활용하여 자유로운 대안을 제시한다. • 학습과제 선정, 학습, 역할놀이, 반복연습으로 대안행동을 실천한다.

제3절 군 집단상담의 종결단계

1. 종결방법과 과업

군 집단상담은 상담목표가 달성되면 종결하게 된다. 그러나 종결과정이 잘 다루어지지 않으면 상담에 대한 부정적인 감정을 지닌 채 집단을 떠날 가능성이 크다(이형득 외, 2010). 또한 집단상담 과정에서 학습한 것을 실제 군 생활 장면에 적용하는 데에도 지장을 초래할 수 있다. 따라서 상담종결이 가까워지면 종결에

 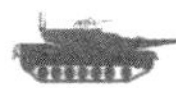

대한 느낌과 소감을 서로 이야기하도록 하고, 장병 스스로 학습한 결과를 정리하고 이를 실천하겠다는 의지와 희망을 서로 나누도록 하는 것이 중요하다. 또한 자신을 이해할 수 있었던 것처럼 동료들을 보다 깊이 이해하고 수용하며 군 생활을 해야겠다는 다짐과, 집단상담을 통해 배우고 경험한 것을 자신의 삶에 실제 적용해야겠다는 의지를 서로 나누도록 한다.

1) 종결과업

집단의 종결단계에서 장병이 해야 할 역할은 학습한 것을 실제 병영생활에 적용하기 위해 준비하는 것이다. 군 생활 중 일어난 문제이건 아니면 장병과 관련된 개인 문제이건 간에 해결하지 못한 과제들이 있다면 이를 잘 마무리한다. 집단이 자신에게 미친 영향을 평가하고, 자기가 원하는 행동변화를 위해 어떻게 할 것인지에 대한 계획을 세운다. 또한 그동안 장병이 집단상담을 통해 어떠한 것들을 경험하였으며, 그러한 경험에 대한 각자의 느낌이 어떠하였는지도 자유롭게 토의하는 시간을 갖는다. 이러한 시간을 통해 장병은 보다 현실적으로 자기 자신을 더 이해하게 되고, 자신의 감정을 더 지각할 수 있는 능력을 갖게 되는 것이다. Corey & Corey(1992)와 이형득(1986)이 제시한 종결과업을 살펴보면 집단원의 감정 다루기, 집단상담의 효과 검토, 집단원들의 피드백 주고받기, 미결과제 다루기, 작별 인사 등이 주요 주제로 되어 있다.

2) 종결방법

군 집단상담의 종결은 병영에서 새로운 시작을 의미하는 것임과 동시에 학습한 대안행동을 남은 군 생활에 적극적으로 실행하도록 하는 것이다. 따라서 종결단계에서는 집단경험에 대한 긍정적인 느낌과, 병영에서 새로이 시도할 행동에 대한 의지와 희망을 갖도록 하는 것이 중요하다. 종결과제로서는 그동안 이루어진 학습 결과를 잘 정리하고 통합하는 것이 우선되어야 한다. 그다음으로,

새로운 관점에서 집단경험의 의미를 찾고 변화된 관점의 틀을 갖도록 하는 것에 초점을 두어야 한다. 만일 이 단계가 적절히 이루어지지 못하면 그동안 학습한 것을 활용하는 데 지장을 받게 될 뿐만 아니라 집단상담에 대한 부정적인 생각을 가지고 집단을 떠날 가능성이 커진다.

특히, 중요한 것은 집단상담 과정에서 그동안 배웠던 것을 실제 군 생활에 어떻게 접목시킬 것인가에 대한 방법을 나누는 것이다. 미해결된 과제가 있다면 그것은 무엇과 관련된 것인지 재검토하고 시간을 고려하여 도와주는 것이 좋다. 그리고 군은 시간을 매우 중요하게 여기는 조직이므로 약속한 시간에 상담이 종결되도록 해야 한다. 그렇지 못하면 집단원들은 집단지도자의 역할과 책임을 다하지 못한 자로 인식하여 상담효과를 낮아지게 할 가능성이 있으므로 주의해야 한다.

2. 군 집단상담의 평가

군 집단상담의 평가는 상담목표가 얼마나 달성되었는지를 알아보고, 이를 차기 집단상담에 활용하기 위한 목적으로 이루어지는 활동이다. 집단에 참여한 장병이 집단과정을 어떻게 느꼈는지에 대한 의견을 종합정리해 놓아야 다음에 실시하게 될 상담에 많은 도움이 되며, 여러 가지 집단과정에서 나타난 문제점을 보다 효율적으로 개선할 수 있다. 군 집단상담 평가는 전 단계에서 이루어지지만, 종결단계에서 더 집중적으로 이루어질 수도 있다. 주로 집단에 참여한 장병의 태도, 갈등과 저항, 집단응집성, 집단생산성 등을 평가한다(한국군상담학회, 2009).

1) 집단참여 태도 평가

군 집단지도자는 집단에 참여한 장병들의 집단참여 태도를 평가해야 한다. 추후 이루어질 상담에서 어떤 전략으로 개입할 것인가를 판단해야 되기 때문이다.

장병들의 상담활동 중 어느 측면이 활발하게 이루어졌고, 어느 장면에서 비활동적이었는지를 알아야 어떻게 개입할 것인가에 대한 전략을 세울 수 있게 된다. 집단에 참여한 장병의 태도를 평가하는 내용은 다음과 같다.

- 집단과정에 적극적으로 참여하였는가?
- 서로의 의견을 자유롭게 제시하고 받아들였는가?
- 서로의 느낌을 이야기하고 서로 공감하며 경청하였는가?
- 각자의 진실한 모습을 개방하려고 노력하였는가?
- 자유가 보장되고 개인의 인격이 존중되었는가?
- 허용된 분위기 속에서 신뢰와 전우애를 느꼈는가?

2) 집단응집성 평가

장병의 응집성 평가는 다음과 같은 것들이 해당된다.

- 집단에 참여한 장병들 간 배려심이 있었는가?
- 집단에 참여한 장병들 간 일체감이 있었는가?
- 집단에 참여한 장병들이 서로를 신뢰하였는가?
- 집단에 참여한 장병들 간 교류가 활발하였는가?
- 지금-여기의 활동에 충실하였는가?

3) 갈등과 저항 평가

집단과정에 일어나는 갈등을 어떻게 인식하고 처리하였는가에 대한 평가는 다음에 이루어지는 상담에 중요한 영향을 미친다. 따라서 갈등이 무엇으로부터 야기되었는지, 갈등을 해결하기 위해서 어떻게 개입하였는지에 대한 평가가 필요하다. 저항은 집단상담을 진행하는 과정에서 나타나는 피할 수 없는 현상이다. 이러한 저항을 탐색하지 못하면 집단상담은 실패할 가능성이 높아진다. 군 집단상담 과정에서 평가되어야 할 갈등과 저항은 다음과 같다.

- 장난과 농담: 상담과 관련 없는 이야기와 장난 및 농담
- 공격: 감정을 상하게 하고 약점을 이용하는 행위
- 충고: 자신이 우월하며 타인은 열등하다는 메시지를 전달하는 행위
- 지시: 자신도 실천하지 못하면서 타인에게 강요하는 행위
- 독점: 대화 중에 자주 끼어들거나 관심을 혼자 받고자 하는 행위
- 불필요한 질문: 상담과 관련 없는 질문을 자주 하는 행위

4) 집단생산성 평가

집단생산성을 평가할 수 있는 항목은 다음과 같다.

- 비효율적이고 역기능적인 행동에 대해서 자기노출을 하였는가?
- 장병의 비합리적인 행동에 대해서 피드백이 이루어졌는가?
- 비효율적인 행동패턴에 대해서 자기수용을 하였는가?
- 대안적인 행동이 적절하게 선정되었는가?
- 행동변화를 위한 연습은 이루어졌는가?
- 변화를 위한 모험을 감행하였는가?

① 군 집단상담은 활동을 시작하기 전 집단구성에 관한 몇 가지 사항을 준비해야 하는데, 가장 먼저 집단목표를 구체적으로 제시해야 한다. 이것은 상담을 시작하기 전 미리 집단에 참여할 장병과의 만남을 통해 장병들이 기대하는 것이 무엇인지를 아는 것으로부터 시작된다. 또한 군 집단지도자는 집단목표에 맞추어 집단의 크기, 집단에 참여할 장병의 선정, 집단개방성과 관련한 문제, 상담 회기, 상담 시간, 집단의 지속기간 등을 미리 정해 놓아야 한다.

② 군 집단상담은 마라톤 형식으로 하루 종일 또는 1박 2일 동안 집중적으로 진행하기 어려운 한계가 있다. 일반적으로 주 단위 1회기씩을 진행하기도 하고, 월 1~2회기를 진행하기도 한다. 군 집단상담은 준비단계, 실시단계, 종결단계로 구분하여 진행하며, 이 중 실시단계는 다시 시작과정, 참여과정, 해결과정으로 이루어진다. 군 집단상담의 시작은 장병들 상호 간 친밀하고 지지적인 관계를 형성하는 과제가 주로 다루어진다. 참여과정에서는 장병 각자가 자신의 의견을 자유롭게 개진하고 수용하는 과정이며, 해결과정은 자기이해를 촉진하고 다양한 문제를 해결하는 과정으로 상담이 종결되기 직전까지 이루어진다.

③ 군 집단상담은 계획된 활동을 마무리하면 종결한다. 군 집단상담의 종결은 지금까지 진행되어 온 집단활동의 전 과정을 돌아보게 하는 한편, 실제 병영생활에 어떻게 적용할 것인가에 대한 논의를 함께하면서 실천 의지와 희망을 갖게 하는 시간이다. 집단상담이 이루어졌던 과정과 결과를 평가하고, 다음에 실시하게 될 집단상담을 위해 이를 잘 정리하고 유지하는 일을 하는 것이다.

CHAPTER 6

군 집단지도자와 장병의 역할

집단지도자와 집단원의 역할은 집단상담 과정에서 매우 중요한 부분을 차지한다. 상담이론과 목표에 따라 그 역할이 일부 달라질 수는 있으나 그렇다고 큰 차이가 있는 것은 아니다. 상담과정에서 군 집단지도자가 보이는 바람직하지 못한 행동은 집단역동의 발현을 어렵게 하며, 집단을 성공적으로 이루어 가는 데 방해가 된다. 집단에 참여한 장병의 개인 중심적인 행동 역시 집단목표 달성을 어렵게 한다. 따라서 군 집단상담이 효율적이고 성공적으로 이루어지기 위해서는 집단지도자와 집단에 참여한 장병의 역할이 명확히 정립될 필요가 있다. 본 장에서는 이와 같은 점을 고려하여 군 집단지도자의 문제행동과 이를 해결하기 위한 역할을 동시에 살펴보려고 한다. 그런 다음, 집단에 참여한 장병의 문제행동과 이들이 상담과정에서 보여야 할 바람직한 역할을 살펴보기로 하겠다.

제1절 군 집단지도자의 문제행동

1. 주요 문제행동

일반 집단상담에서 지도자가 흔히 범하기 쉬운 문제행동으로는 지나친 개입과 방어적이고 폐쇄적인 태도 그리고 과도한 자기개방이 될 수 있다(강진령, 2011). 군 집단상담 과정에서도 이와 유사하게 집단지도자의 문제행동이 나타날 수 있는데 이를 탐색해 보자.

1) 지나친 개입

집단지도자가 흔히 범하기 쉬운 문제행동은 집단과정에 너무 과도하게 개입하는 것이다. 이는 집단에 참여한 장병의 대화에 일일이 집단지도자가 반응해야 집단역동이 일어날 것이라고 착각해서 나타나는 행동일 수 있다. 그러나 집단역동은 참여 장병 간 상호작용에서 나타나는 것이지, 집단지도자가 개입을 자주 한다고 해서 나타나는 것이 아니다. 오히려 집단지도자의 지나친 개입은 집단역동의 흐름을 막는 저해 요인으로 작용한다.

이를 위해서는 장병이 말을 할 때마다 계속해서 그에 대한 반응을 보이는 행동을 삼가야 한다. 집단에 참여한 어느 특정한 장병과 계속적으로 대화를 주고받거나 지속적인 반응을 피해야 한다는 의미이다. 군 집단지도자가 일일이 반응을 보이기보다는 집단에 참여한 다른 장병의 반응이 나타날 때까지 기다려 주는 것이 중요하며, 그런 다음 적절한 시기에 개입해야 하는 것이다.

2) 방어적 태도

군 집단지도자가 흔히 범하기 쉬운 또다른 문제행동은 방어적 태도다. 집단과정에서 집단구성원의 비판적인 태도와 평가, 부정적인 반응이 나타나게 되면 집단지도자는 방어적 태도를 취하기가 쉽다. 예를 들어, 구조화된 집단상담을 하는 경우에는 자율성을 구속한다고 불평하고 지도자의 지시에 저항할 수 있다. 또 비구조화의 방식으로 운영하는 경우에는 집단의 방향을 제시해 주지 않아 복잡하고 혼란하다고 불평하면서 상담활동에 소극적으로 임할 수 있다.

이러한 경우 집단지도자는 방어적 태도를 취해서는 안 된다. 비판적인 태도나 부정적인 반응을 보이는 장병을 따뜻하고 진정성 있게 대해야 한다. 집단에 참여한 장병이 부정적이고 저항적인 태도를 표출한다 하더라도 집단지도자는 오히려 이를 효율적으로 활용할 수 있어야 하는 것이다. 만약 집단지도자가 장병의 반응을 과민하게 받아들여 방어적 태도를 취하게 된다면, 집단에 참여한 장병 역시 동일하게 방어적 태도를 취하게 된다는 것을 잊지 말아야 한다.

3) 폐쇄적 태도

폐쇄적 태도란 집단상담 과정에서 개인의 사적 내용의 노출을 최소화하려는 경향을 말한다. 집단지도자가 범하기 쉬운 문제행동은 바로 이러한 폐쇄적 태도에 있다. 집단지도자의 폐쇄적 태도와 자기개방 수준은 장병의 상호작용에 많은 영향을 주게 되는데, 특히 장병들의 의사소통을 저해하고 집단역동의 흐름을 가로막는 역할을 하게 된다.

집단지도자가 폐쇄적 태도를 갖게 되는 이유는 자신의 이미지를 손상시키지 않고 불편한 상황에 놓이는 것을 원하지 않기 때문이다. 또한 집단지도자의 사적 내용의 자기개방이 집단목표 달성을 가로막는다고 여기기 때문이다. 그러나 집단지도자의 적절한 자기개방은 집단역동을 촉진하는 촉매로 작용하게 된다. 그러므로 집단지도자는 자신을 언제, 얼마나 노출할 것인가를 심사숙고하여 적절한 자기개방을 할 수 있어야 한다.

4) 과도한 자기개방

집단지도자가 범하기 쉬운 또 하나의 문제행동은 과도하게 자기개방을 하는 것이다. 자기개방을 지나치게 많이 하는 지도자는 자기개방을 많이 할수록 좋다는 신념을 가지고 있을 수 있다. 이러한 집단지도자는 자신의 세세한 일상을 털어놓는 데 많은 시간을 할애하며, 심지어 노출이 불필요한 개인의 사적인 내용까지도 개방함으로써 집단이 나아가야 할 방향을 혼란스럽게 하기도 한다.

이러한 과도한 자기개방은 집단지도자가 지도자로서의 역할과 태도를 보여주는 것이 아니라 집단원의 한 일원으로 착각해서 일어난다. 다시 말해, 집단지도자와 집단원의 역할을 제대로 인식하지 못해서 나타나는 현상일 수 있다. 집단지도자는 역할과 태도에서 집단원인 장병과 엄격히 구분되어야 한다. 그리하여 장병 간 상호작용이 원활하게 발현되도록 안내하고, 집단역동의 흐름을 촉진하며 집단의 초점과 방향을 유지하는 임무를 잘 수행해야 한다.

제2절 군 집단지도자의 역할

군 집단상담이 생산적이고 성공적으로 이루어지기 위해서는 집단지도자의 역할이 매우 중요하다. 그렇다고 군 집단지도자의 역할이 일반 집단상담자 역할과 상이하거나 차별화가 필요한 것은 아니다. 군 집단의 목적과 집단 형태, 지도자의 철학, 적용하는 이론에 따라 지도자의 역할이 일부 달라질 수는 있으나, 기본적으로는 동일하다고 할 수 있는데 이를 좀 더 살펴보겠다.

1. 조성자·안내자·조력자

1) 집단분위기 조성자

집단분위기를 조성한다는 의미는 집단원의 불안과 갈등을 허심탄회하게 털어놓을 수 있는 허용되고 안정된 분위기를 만드는 것을 의미한다. 이 말은 집단에 참여한 장병이 심리적 안정감을 느낄 수 있도록 따뜻한 집단분위기가 제공되어야 한다는 의미이기도 하다. 군 집단은 위계적인 문화와 특수성 때문에 마음속에 있는 이야기를 솔직하게 꺼내고, 이를 나누기가 어려워 자기개방을 주저하고 머뭇거리게 된다. 그러므로 군 집단상담이 성공하기 위해서는 우선 집단분위기를 따뜻하고 안정감 있게 조성해야 하는 것이다.

만약 군 간부가 집단지도자 역할을 수행하게 된다면 권위주의적인 태도를 버리는 것이 우선되어야 한다. 이는 간부의 계급과 직책 등을 이용하지 말아야 한다는 의미이기도 하다. 계급과 직책 등을 이용하게 되면 집단분위기가 따뜻하지 않게 되고 경직될 가능성이 매우 높아진다. 그러므로 안정되고 신뢰로운 집단분위기를 만들기 위해서는 집단에 참여한 장병을 이해하려는 집단지도자의 따뜻하고 인간적인 태도가 중요하다. 그리고 장병들의 생각과 의견을 인정하고 존중하는 자세를 집단지도자가 보여 줄 때 집단은 자연스럽게 안정감 있는 분위기로 조성된다.

2) 집단방향 안내자

군 집단지도자는 집단상담 준비단계에서 오리엔테이션을 통해 상담의 목적과 상담 절차, 내용, 방법 등을 설명한다. 그리고 집단상담을 시작하는 초기과정에서는 집단이 나아갈 방향을 제시한다. 부대목표와 장병의 개인목표가 동시에 달성될 수 있도록 집단이 나아가야 할 방향을 안내하는 것이다. 그리고 집단의 방향이 집단상담 과정에 잘 유지될 수 있도록 집단규준을 발전시켜야 하는데, 이를 위해 여러 가지 적절한 시범을 보여 그것이 집단의 규준으로 활용될 수 있도록 해

야 한다. 아울러 집단규준에서 벗어나는 행동을 하는 장병에게는 그릇된 행동을 분명히 지적하여 집단상담이 나아가고자 하는 방향을 잘 유지해야 한다.

3) 지금-여기 조력자

집단상담은 지금-여기에 현존하는 모든 것을 그대로 이해하는 학습과정이다. 군 입대 전 있었던 문제를 다루는 것이나, 지금의 군 복무과제가 아닌 과거의 문제를 다루는 것은 집단상담 조건에서 배제한다. 따라서 집단에 참여한 장병은 각자의 병영생활에서 겪는 여러 가지 쟁점들을 상담 장소에 가지고 와서 해결할 수 있다. 그러기 위해서는 현재 장병의 경험이 탐색될 수 있도록 집단지도자의 조력이 필요하다. 너와 나의 느낌과 너와 나의 생각, 너와 나의 행동을 동료 상호 간 관찰하게 하고, 이에 대한 피드백을 통해 지금-여기에서의 자기 존재에 대한 자각을 확대시켜야 한다.

2. 보호자·모범자

1) 집단원 보호자

군 집단상담은 평소 위계적인 부대환경으로 인해 공격적인 태도와 침묵이 동시에 공존하는 특성이 있다. 상담에는 참여하였지만 집단의 압력이 느껴지면 자신을 개방하는 것이 부담되고, 군 생활에 대한 위협으로까지 느껴져 침묵을 유지하게 된다.

이로 인해 집단분위기가 무겁게 내려앉아 형식적인 상호작용이 나타나기도 한다. 따라서 군 집단지도자는 집단에 참여한 장병을 심신의 위협으로부터 보호할 수 있어야 한다. 집단상담 과정에서 인간적이지 못한 언행과 인격존중의 태도가 결여된 어떠한 형태의 모습도 나타나지 않도록

해야 하며, 다른 동료로부터 어떠한 부당한 압력과 위협을 받지 않도록 보호자 역할을 해야 한다.

2) 행동의 모범자

군 집단지도자는 바람직한 행동에 대한 모범을 보여야 한다. 군 집단지도자가 매 순간 모범적인 행동을 보여야 위계적인 조직체계에 익숙한 장병들이 이를 따라 할 수 있게 되며, 자신의 문제를 드러내게 된다. 군 조직은 그 어떤 기관이든 간에 지도자가 먼저 솔선하여 정직하고 모범된 행동을 보이게 되면, 그 예하 조직구성원은 지도자를 자동적으로 따라 하는 것이 군 조직이 지닌 고유한 특성이다. 따라서 군 집단지도자는 집단에 참여한 장병에게 바라는 행동에 대해서 먼저 모델링의 모습을 시연하는 것이 중요하다.

3. 유도자·촉진자

1) 자발적 참여 유도자

집단상담은 자발적이고 실천적이며 능동적인 참여가 요구되는 과정이다. 이 말은 집단활동이 수동적이고 타의적이며 획일적이 되어서는 집단목표를 달성하기 어렵다는 의미이다. 특히, 여성 병영생활전문상담관이 진행하는 군 집단상담의 경우에는 간혹 집단에 참여한 장병들이 졸거나 장난치는 일 등이 발생한다. 또한 상담수련이 부족한 군 간부가 집단과정을 진행하게 되면 틀에 박힌 프로그램을 적용하여 참여의식이 저조하게 되는 경우도 발생하게 된다. 이러한 모습들은 집단에 참여한 장병의 상호작용을 저해하고 집단역동을 가로막는 주요 요인으로 작용한다. 그러므로 군 집단지도자는 집단에 참여한 장병이 자발적으로 집단활동에 참여하도록 유도자 역할을 해야 한다.

2) 상호작용 촉진자

군 집단상담 과정에서 중요한 조건은 바람직한 의사소통 체제가 확립되어야 한다는 것이다(이형득 외, 2010). 이를 위한 군 집단지도자의 역할은 의사소통의 걸림돌을 사전에 제거하여 원활한 상호작용이 이루어지도록 해야 한다. 동시에 상호 간의 지지와 격려, 따뜻한 피드백을 통해 신뢰감을 형성해야 한다. 또한 장병의 비언어적인 메시지를 표면화시켜 자기각성과 상호 간 이해를 도모하는 등 상호작용 촉진자로서 역할을 충실히 수행해야 한다.

3) 집단활동 촉진자

군 집단상담은 목표가 분명하다. 국가에 대한 충성과 전투력을 향상하고, 장병의 개인목표를 성취하는 것이다. 그러나 집단의 방향을 잘못 설정하거나 이를 수정하지 못하면 상담목표 달성이 어렵게 된다. 또한 장병 간 원활한 상호작용이 나타나지 않을 경우에는 상담이 실패로 돌아갈 가능성이 높아진다. 그러므로 군 집단지도자는 솔선하여 자신의 느낌을 드러내고, 따뜻한 피드백이 이루어지게 하는 등 집단활동을 촉진하는 다양한 역할을 해야 한다.

제3절 집단참여 장병의 문제행동

일반 집단상담 과정에서는 집단원 개인이 욕구를 충족하기 위한 개인 중심적인 행동과 집단활동에 저촉되는 행동이 나타난다. 군 집단상담 과정에서도 이와 유사한 행동들이 곧잘 나타나게 되는데, 그중에서도 집단활동을 방해하고 회피하는 행동이 두드러지게 나타난다. 예를 들면, 집단에 참여하지 않기와 하급자 공격하기, 충고하기, 자기방어하기 등이 대표적이다. 군 집단지도자는 상담을 진행하는 데 방해가 되는 이러한 행동을 적절히 지도할 수 있어야 상담목표를 효과적으로 달성할 수 있다. 집단에 참여한 장병에게서 나타나는 문제행동을 좀 더 알아보기로 하겠다.

1. 자기중심적 행동

1) 독점하기

독점하기는 주위로부터 자신이 초점이 되고 싶어 하는 욕구를 가지고 있는 사람에게서 주로 나타나는 행동이다. 이와 같은 욕구를 지닌 장병의 특징은 동료나 집단지도자로부터 관심을 독차지하려고 한다. 그러므로 이러한 독점자는 지나치게 말이 많은 것이 특징이다. 자신의 불안을 은폐하고, 자신이 지닌 문제에 집단원이나 지도자의 접근을 멀리하기 위한 수단으로 이용하려는 목적 때문에 나타난다.

또한 자신의 다른 목적을 이루기 위해 집단을 지배하고 조정하려는 의도에서 발생하기도 하는데, 이러한 독점하기 행동은 통상 상급자에게서 주로 나타난다. 이를 해결하기 위한 집단지도자의 역할은 집단에 참여한 장병들로 하여금 자신들이 독점자로부터 피해를 받고 있다는 사실을 깨닫도록 하는 것이다. 독점자가 집단상담 과정에서 지나치게 많은 말을 하여 상담시간을 독점하면, 상대적으로 각 개인의 상담참여 시간이 부족하게 되고, 자신의 의견개진 기회가 줄어들어 피해를 보고 있다는 것을 일깨워 주는 것이다.

2) 충고하기

충고는 충고하는 사람의 주관적인 느낌이나 가치관이 개입되어 나타나는 것이기 때문에 충고받는 사람에게는 그다지 도움 되지 못한다. 군 집단상담 과정에서는 주로 상급자가 하급자에게 충고를 하게 되는데, 문제는 자신의 의견을 동료와 함께 나누는 것이 아니라 지적하고 지시하는 것처럼 말해 불편한 감정을 느끼도록 한다는 점이다. 충고를 싫어하는 장병은 '내가 이런 대우를 받으려고 상

담에 참여했나!' 하는 자괴감을 느끼게 한다. 그러므로 집단지도자는 이러한 충고가 자기 자신의 충족되지 못한 욕구를 무의식중에 해결하려는 행동임을 인식하도록 해야 한다. 뿐만 아니라 자신의 우월성을 나타내려고 할 때나, 특정 집단원에 대한 적개심을 은폐하기 위해 나타나는 행동이라는 것을 인식하도록 때로 직면의 방법으로 조력해야 한다.

3) 상처 봉합하기

상처 봉합하기는 진정한 의미의 돌봄과 관심, 공감과 상반되는 개념이다. 다른 집단원의 상처를 어루만지고, 고통을 덜어 주는 행동뿐만 아니라 기분을 좋게 해주려고 성급하게 도움을 주려는 데서 나타나는 행동을 말한다. 충분한 여유를 가지고 아픔과 상처를 체험하게 하고 느낌을 표출하는 것은 개인의 성장과 발달에 큰 도움이 된다. 하지만 조급하게 상처를 봉합해 버리면 집단원의 성장 기회가 상실될 뿐만 아니라 집단에 참여한 한 장병의 개인 권리를 보호하지 못하는 결과로 이어지게 된다. 따라서 군 집단지도자는 개인의 문제가 깊이 탐색되도록 의사소통과 상호작용 과정을 잘 감지함으로써 상처 봉합하기가 나타나지 않도록 해야 한다.

2. 집단과정 회피행동

1) 소극적 참여하기

어떤 집단원은 시종일관 집단활동에 참여하지 않고, 침묵을 유지하거나 움츠리고 있는 경우도 있다. 이러한 집단원은 스스로 보고 듣는 것만으로도 많은 것을 배운다고 주장하지만, 침묵이 지속되고 습관화되면 집단의 문제로까지 이어지게 된다(Corey & Corey, 1992). 군 집단상담에 적극적으로 참여하지 않는 주된 이유는 다음과 같다.

- 집단을 신뢰하지 못하거나 자신의 부끄러움이 드러날까 봐
- 잘못 개입하였다가 상급자에게 헛된 트집이 잡힐까 봐
- 군 집단지도자와 상급자의 계급 등 위계적인 분위기에 눌려서
- 과거 군 집단과정에서 거부당하였거나 공격당한 경험이 있어서
- 여러 가지 무의식적인 자기방어 일환 때문에

2) 자기방어하기

자기방어 태도는 집단 내 긴장감과 폐쇄적인 분위기가 지배적이 되면 강화되는 특성이 있다. 군 상담에서 나타나는 자기방어적 태도는 자기 자신에 대한 신뢰감과 자신이 속한 집단에 대한 신뢰수준이 낮은 장병들에게서 주로 나타난다. 또한 동료와 신뢰관계를 형성하지 못한 소외된 장병과 계급이 낮은 장병에게서 두드러지게 나타난다. 이러한 장병은 자신의 의견을 피력하는 것을 매우 조심하게 되고, 다른 사람의 견해를 간접적으로 전달하는 입장을 취하는 행동을 하게 된다. 그러므로 군 집단지도자는 집단분위기가 긴장되지 않도록 하고, 집단활동이 개방적으로 유지되도록 하여 자기방어를 하는 장병들이 나타나지 않도록 해야 한다.

3) 침묵하기

사람들은 통상 현재의 상황을 잘 파악하지 못하였을 때 침묵하는 경향이 있는데, 군 집단상담 과정에서도 이와 같은 이유에서 침묵하기도 한다. 또한 군 집단상담은 위계적 상황에 기인하여 침묵하는 경향이 나타나기도 한다. 그렇다고 침묵하는 것이 결코 부정적이고 나쁜 뜻만을 가진 것은 아니다. 따라서 군 집단지도자는 침묵하기가 나타난다고 해서 조급하게 개입하려 시도하는 것은 바람직하지 않으며 조용히 기다려 주어야 한다. 조급한 개입보다는 집단에 참여한 장병들이 서로 자신의 의견을 자유롭게 개진할 수 있도록 위계적인 집단분위기를 따뜻하게 조성하는 것이 더 중요하다.

4) 습관적 불평하기

습관적인 불평은 집단에 대해 자주 불만을 늘어놓는 것을 말한다. 이러한 불평불만은 집단상담 초기에 주로 나타나며, 비자발적으로 집단에 참여한 장병들에게서 주로 나타나는 현상이다. 습관적인 불평은 집단분위기를 저해하고 집단과정의 흐름을 방해할 뿐만 아니라 집단응집력에도 부정적인 영향을 끼친다. 따라서 습관적으로 불평하는 장병이 나타나게 되면 그와 별도의 면담을 통해 그 원인을 파악하고, 집단과정에 도움을 줄 것을 분명하게 요청하도록 하는 것이 필요하다.

3. 집단과정 저해행동

1) 공격하기

공격하기는 상담에 참여한 사람들로부터 관심과 인정을 받고 싶은데 오히려 실망하거나 상심하면 나타나는 행동으로, 여러 가지 모습으로 나타난다. 동료 장병의 의견을 신랄하게 비판한다든지 혹은 집단목표 달성을 위한 활동에 의도적으로 저해하고 회피하는 행동을 하기도 한다. 또한 동료 장병의 말을 비꼬고, 지나친 농담을 하며, 질문한 것을 무시하고 뭉개기도 하는데 이러한 것이 공격하기의 일종이다. 특히, 공격하기가 적대적 감정의 간접적인 형태로 표현될 때는 다루기가 어려울 수 있는데, 이러한 경우에는 매우 강한 직면과 따뜻한 관심 기울이기의 방법을 동시에 적절히 활용할 수 있어야 한다.

2) 우월하기

집단과정에서 어떤 장병은 자신을 다른 동료보다 우월하다고 생각하거나 많은 것을 알고 있는 사람으로 자처하는 행동을 한다. 자신은 아무 문제가 없고 무엇이든 잘 한다는 태도로 다른 동료들에게 우쭐대는 교만한 행동을 하게 된다. 이러한 경우에 군 집단지도자는 그에 맞는 적절한 시연을 보이는 것이 바람직하다. 군대예절에 어긋난 언어와 반듯하지 못한 행동보다는 겸손하고 예의 바른 언어 사용과 바른 행동을 할 수 있도록 그와 관련된 행동을 직접 시연을 보여 주는 것이다. 그다음에는 문제없는 사람으로 자처하는 장병으로 하여금 지도자가 보인 시범을 따라 하도록 요구하고 실행하게 하면 곧 행동변화가 나타나게 된다.

3) 적대하기

적대적 태도는 내면에 누적된 부정적인 감정을 여러 가지 방식으로 집단지도자나 집단에 참여한 동료 장병에게 표출하는 행동을 말한다. 이러한 적대적 태도는 집단에 참여한 집단원들에게 동일한 적대적 태도와 감정을 불러일으키게 하고, 자기개방을 어렵게 하는 특성이 있다. 이에 대한 대처로는 우선 적대적 태도를 보이는 장병이 원하는 바를 직접 표현하게 하는 것이다. 그런 다음에는 적대적 행동을 하는 장병에게 여러 동료 장병들이 동시에 피드백을 하도록 한다. 이러한 과정이 반복적으로 이루어지게 되면 적대하기 행동은 우호적인 행동으로 변할 가능성이 높아진다.

제4절 집단참여 장병의 역할

집단원의 역할은 학자들마다 주장하는 바가 조금씩 다르다. 일반적으로 집단의 과업성취를 위한 역할과 집단의 유지 및 발전을 위한 역할로 크게 구분하여 설명하고 있는데, 이 점을 고려하여 군 집단상담에 참여한 장병들의 역할을 살펴보기로 하겠다.

1. 주요 역할

1) 집단과업 성취를 위한 역할

군에서 이루어지는 집단상담이 성공하려면 집단의 공동목표를 달성하는 것이 우선되어야 하는데, 집단목표 달성에 도움되는 역할들은 주로 다음과 같다.

① 솔선해서 제안하기

당면한 집단의 문제해결 방법이나 공동의 목표를 위해 장병들이 생각하고 있는 창의적이고 참신한 아이디어를 자유롭게 제안하는 역할이다.

② 정보 요구하고 제공하기

집단의 문제해결 방법과 목표 등에 대한 여러 정보를 집단지도자나 참여 장병에게 질문하고 또한 자신이 알고 있는 정보를 솔선해서 알려 주는 역할이다.

③ 의견 묻고 제시하기

집단상담 과정에서 취급되는 문제나 목표 및 과제에 대해서 의견을 묻고, 평소 자신이 지니고 있었던 신념이나 가치관에 대해서 자신의 견해를 자유롭게 말하는 것이다.

④ 상세히 설명하기

자신이 제안한 어떤 것들에 대해 실증적인 사례나 근거를 제시하고, 안건이 채택되면 어떻게 처리할 것인가도 자세히 설명하는 것을 말한다.

⑤ 제안 조정하기

조정하기는 제안된 안건들 간의 연관성을 밝히거나 종합하는 역할을 말하는데, 군에서는 주로 건의하는 형태로 이루어진다.

⑥ 집단방향 제시하기

집단의 방향이 최초 합의된 방향으로 나아가지 않거나, 집단목표 달성을 위한 활동에서 이탈할 경우에는 이를 분명하게 지적하고 제시하는 역할을 하는 것이다.

⑦ 평가하기

집단목표 달성을 위한 집단과정의 실용성과 합리성에 대해 합리적 의문을 제기하고, 평가를 통한 목표성취가 가능하도록 노력하는 것을 말한다. 평가는 매 회기마다 할 수 있고 종결과정에서 종합적으로 할 수도 있다.

⑧ 활기차게 하기

집단의 상호작용과 집단역동이 활발하게 일어나도록 적극적으로 의견을 개진하고, 따뜻한 피드백을 제공하는 행동을 말한다.

⑨ 집단진행을 돕기

집단을 위해 정해진 과업을 돕거나, 자료를 나누어 주고 자리를 정돈하는 등의 일을 하여 집단과정 진행을 도와주는 역할을 한다.

2) 집단과정 발전을 위한 역할

집단목표를 달성하기 위해서는 앞서 설명한 집단과업 성취를 위한 역할이 중요할 수 있다. 하지만 집단에 참여한 장병들 간 좋은 관계를 유지하는 것도 매우 중요하다. 집단상담 과정의 발전을 위한 역할로는 집단에 참여한 장병을 서로 존중하고 원만한 관계를 유지하는 것 등이 있다.

① 존중하기

집단에 참여한 장병들은 칭찬받고 존중받으며 수용받기를 원한다. 따라서 서로 따뜻하고 온화한 태도로 동료를 대하며, 제기된 여러 의견을 이해하고 수용하는 자세를 견지하는 것이 곧 서로 존중하는 것이다.

② 화해하기

화해하기는 집단에 참여한 여러 장병들 간 의견 차이가 있으면 이를 서로 중재하고 화해하며, 갈등상황에서 긴장을 해소시키려고 노력하는 행동을 말한다.

③ 협조하기

협조하기는 자신을 양보하는 행동이다. 자신이 갈등상황에 관계되었을 때 과

오를 시인하거나 집단의 조화를 위해 집단의 의사를 따르려고 노력하는 행동을 말한다.

④ 지지하기

지지하기는 다른 장병의 집단참여를 격려하거나 옹호하는 태도이다. 즉, 장병 간 상호작용이 원활하게 이루어지도록 공감하는 자세를 갖는 것을 말한다.

⑤ 규범 지키기

집단목표를 달성하기 위해 필요한 규준과 집단의 기능이 원활하게 이루어지도록 하는 데 필요하여 제정한 규범과 약속을 지키는 행동이다.

⑥ 잘 따르기

집단이 토의하고 결정할 때 잘 들어주고, 집단에 참여한 장병들의 의견을 수용하며, 집단과정의 진행을 잘 따라가는 행동을 말한다.

요약

① 집단지도자가 흔히 범하기 쉬운 문제행동은 여러 가지가 있다. 먼저 지나친 개입을 들 수 있는데 이는 집단과정에 과도하게 개입하는 것을 말한다. 방어적 태도는 장병의 비판적인 태도와 평가 및 부정적인 반응을 말한다. 폐쇄적 태도는 개인의 사적인 내용의 노출을 최소화하려는 성향을 말한다. 집단지도자가 범하기 쉬운 또 하나의 문제행동은 과도할 정도로 자기개방을 하는 것이다.

② 군 집단지도자가 집단과정에서 해야 하는 기본적인 역할은 일반 집단상담자의 역할과 상이하거나 차이가 나는 것은 아니다. 기본적인 역할로는 집단분위기를 조성하고 집단방향을 제시하며 집단원을 보호하는 것이다. 또한 적절한 행동의 모범을 보이고 집단활동을 조력하며 상호작용을 촉진하는 것이다.

③ 군 집단상담 과정에서는 집단에 참여한 장병들의 개인 욕구를 충족하기 위한 개인 중심적인 행동이나 혹은 집단활동을 저해하는 행동이 나타나게 된다. 특히, 군 집단상담은 위계적인 상황에서 이루어지기 때문에 집단활동을 회피하는 행동이 두드러지게 나타나기도 한다. 이외에도 집단과정에 참여하지 않기, 하급자 공격하기, 충고하기, 자기방어하기 등이 나타난다.

④ 집단상담에 참여한 장병이 해야 할 역할은 집단의 과업성취를 위한 역할과 집단상담 과정을 유지하고 발전시키는 역할이다. 집단과업을 성취하기 위한 역할로는 솔선해서 제안하기와 정보 요구하고 제공하기, 의견을 묻고 제시하기, 상세히 설명하기, 제안 조정하기, 집단방향 제시하기, 평가하기, 활기차게 하기, 집단진행 돕기 등이 있다. 집단상담 과정을 유지하고 발전시키기 위한 역할로는 존중하기, 화해하기, 협조하기, 따르기 등이 있다.

CHAPTER 7

군 집단상담의 기술

군은 국토를 수호하고 국민의 재산과 생명을 지키기 위해 존재하는 조직이다. 군은 이러한 존재 목적을 달성하기 위해 단일한 지휘체계를 강화하고, 상명하복의 위계적 계급체계를 유지함은 물론 입대 장병에게는 군대문화에 빨리 적응하여 전투준비태세 갖추기를 요구한다. 그러나 군에 적응하는 것은 그리 쉬운 일이 아니다. 군 조직을 운영함에 있어 군 집단상담의 과정이 필요한 이유가 바로 여기에 있다. 집단상담 기술을 활용하여 군 적응을 돕는 것은 화합과 단결심 및 집단응집성을 촉진하여 강한 전투력을 유지시키는 데 도움이 되기 때문이다.

본 장에서는 이러한 점을 고려하여 군 집단상담의 기술을 다룬다. 먼저 집단상담의 기본기술을 알아본 후, 집단과정을 촉진하는 기술을 살펴볼 것이다. 그런 다음 마지막으로, 집단상담 과정을 마무리하는 종결기술을 살펴보겠다.

제1절 군 집단상담 기본기술

1. 요구되는 기술

군 집단상담은 상담이 이루어지는 과정 내내 집단지도자와 집단에 참여한 장병 그리고 장병 상호 간 신뢰감을 느끼도록 하는 것이 중요하다. 이를 위해서는 집단에 참여한 장병들이 안정감을 느끼고 따뜻함과 편안함을 느낄 수 있는 집단 분위기가 조성되어야 한다. 이러한 기술은 특별한 집단상담 능력과 지식이 요구되는 것이 아니며, 일반적으로 활용되는 집단상담 기술을 군 상황과 여건에 맞게 적용하면 되는 것이다. 그러나 집단원의 상호작용과 역동의 힘이 발현되도록 하는 것은 특별한 능력과 기술이 요구되는데 이는 다음과 같은 요인들이 포함된다(한국군상담학회, 2009).

첫째, 군 집단의 기능을 활용하는 기술이 다루어져야 한다. 이는 군 집단의 목적과 가치에 맞는 기능을 활용하는 기술인데, 군 존재의 목적이 되는 국가안보와 국민의 생명을 보호하기 위한 것들이다.

둘째, 감정을 다루는 기술이다. 이는 군 장병이 자기감정을 이해하고 수용하며, 표현하고 반응하도록 하는 기술이다. 이 기술을 적용해야 하는 대상은 집단지도자를 포함하여 집단구성원 전체가 해당되는 만큼 중요한 기술이 아닐 수 없다.

셋째, 실제적인 현실 적용의 기술이 요구된다. 인간은 스스로 자신의 문제를 해결할 수 있다는 가능성을 전제로 하는 기술이다. 이는 장병에게 나타나는 부적응적인 행동을 군 복무라는 현실의 관점에서 이해함은 물론 이에 대한 책임을 본인 스스로 자각하게 하는 기술이다.

넷째, 집단 내에서 서로 지지하는 기술이 필요하다. 이는 장병들 간의 관계가 수동적이고 피동적이지 않은 능동적인 관계가 되도록 하는 기술이다.

다섯째, 집단지도 기술이 요구된다. 이는 장병이 겪는 현재의 심리적인 어려움을 새로운 관점에서 이해하고 현재의 경험이 미래의 능력으로 축적되게 하는 기술로서, 궁극적으로는 군 본연의 임무를 잘 수행하도록 하는 심화기술이다. 이외에도 의사소통, 정서적 관계, 집단응집성, 집단의 규범이 포함된 기술이 요구된다.

2. 주요 활용기법

1) 구조화하기

군에서는 전투 시 적에게 포위되는 경우를 대비하여 평소 도피 및 탈출훈련을 하는 등 악조건 상황을 스스로 극복하는 훈련을 자주 한다. 이러한 훈련과정을 통해 아무리 어렵고 힘든 상황이라 하더라도 자신의 힘으로 스스로 해결할 수 있는 자신감과 진정한 군인이라는 자긍심을 갖도록 한다. 따라서 군인이 자신의 힘으로 문제를 해결하지 못하고 타인에게 도움을 받는다는 것은 부끄러운 모습일 뿐만 아니라 수치로까지 생각한다. 이와 같은 이유에서 상담에 대한 구조화의 필요성이 더욱 절실히 요구된다.

상담의 구조화는 집단상담의 시작단계에서 주로 이루어진다. 집단지도자가 집단에 참여한 장병을 도울 수 있는 영역과 한계를 설명하고, 상담에 참여한 장병으로서 해야 할 역할들이 무엇이 있는지 알도록 하며, 집단규칙과 윤리적 규정에 관한 내용들을 알려 주는 것이다. 또한 군 집단의 운영과 절차에 관한 내용을 비롯하여 집단상담의 한계에 관한 내용을 다루고, 집단상담 과정에서 나온 이야기들을 상담이 끝난 후에도 개인보호 차원에서 비밀이 보장되도록 하는 것이 구조화가 된다.

2) 관심 기울이기

군에서는 이등병이 부대에 전입 오면 부대소개를 비롯하여 지휘관의 면담이

곧바로 이루어진다. 이때 면담하는 자리에서 부모와 전화통화를 할 수 있게 편의를 제공하기도 하는데 이러한 것이 관심 기울이기의 한 가지 방법이 된다. 집단상담에서 관심 기울이기는 집단에 참여한 장병에게 주의를 기울이면서 그가 말하고자 하는 메시지에 집중하는 것을 의미한다. 사람은 누구나 자신에게 관심을 기울여 줄 때 이야기를 계속할 마음이 생긴다. 그렇지 못할 경우에는 거부당하고 무시되는 느낌을 받게 되어 하고 싶은 말도 하지 않게 되고 계속해서 입을 다물어 버리게 된다.

장병에 대한 관심 기울이기는 집단상담 과정에서 집단지도자가 가져야 할 기본적인 역할일 뿐만 아니라, 집단에 참여한 장병들이 서로 활발한 상호작용을 하게 하는 원동력이다. 장병이 말할 때 시선을 부드럽게 바라보는 것으로부터 간단한 말이나 동작으로 즉각적인 반응을 보이는 것에 이르기까지 다양한 방법이 활용될 수 있다. 예를 들어, 고개 끄덕이기, "으음, 그래요" 등으로 반응을 보이는 것이다. 그리고 몸짓과 표정을 통해 '나는 당신에게 관심을 기울이고 있습니다. 나는 당신의 이야기에 집중하고 있습니다. 나는 당신이 하는 말의 의미를 이해하려고 노력하고 있습니다'라는 메시지를 전달하는 것이 곧 관심 기울이기가 된다.

3) 지지하기

군 조직은 대부분 남성 군인들로 구성되어 있다. 남성 군인이 원하는 욕구 중 가장 높은 위치를 차지하는 상위 욕구는 상관과 동료로부터 인정과 지지를 받는 것이다. 군 집단지도자는 이러한 군인의 인정과 지지 욕구를 인식하여 집단에 참여한 장병들에게 적극적인 지지와 격려를 할 수 있어야 한다. 격려와 지지는 집단분위기를 따뜻하게 하고 안전하게 하며, 장병들의 상호작용이 활발하게 이루어지도록 하는 데에도 긍정적으로 작용한다.

격려와 지지하기는 적절한 시기에 이루어져야 효과가 있다. 때와 장소를 가리지 않고 아무 때나 해도 지지효과가 나타날 것이라고 기대하는 것은 잘못된 믿음이다. 집단에 참여한 장병이 무엇인가에 불안하여 말하기를 주저한다거나, 자신의 행동에 자신감을 갖고 있지 못할 때, 저항이나 방어적인 태도가 나타날 때 하는 것이 바람직하다. 또한 집단에 참여한 장병들 상호 간 의견의 불일치나 갈등이 나타날 때 이를 적극적으로 말하도록 하는 데에도 격려와 지지는 꼭 필요한 기술이 된다.

4) 경청하기

군 집단상담 과정을 처음 경험하는 대부분의 장병은 집단에 참여한 동료 장병의 말을 경청할 준비가 되어 있지 않은데 그것은 경청하는 방법을 잘 모르고 있기 때문이다. 이에 따라 집단상담이 진행될수록 혼란하고 복잡한 형태로 의사소통이 이루어져 집단에 참여한 장병들 간 오해와 갈등이 빚어지는 일이 발생되기도 한다.

이와 같은 문제를 해결하기 위해 군에서는 집단상담을 시작하기 전 사전 준비과정을 마련하여, 집단에 참여한 장병들이 해야 할 역할과 집단규칙을 교육하고 논의하는 오리엔테이션 시간을 갖는다. 이를 통해 타인의 말에 주의를 기울이는 방법을 터득하고, 타인의 말에 거침없이 개입하는 행위가 나타나지 않도록 하는 의사소통 방법을 교육한다.

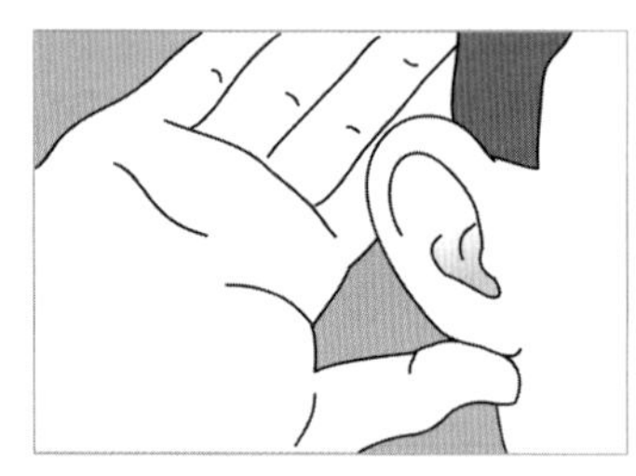

경청하기는 집단에 참여한 장병의 언어적·비언어적 메시지에 깊은 관심을 기울이는 것을 말한다. 경청하지 않는다는 것은 말하는 사람에게 주의를 기울이지 않고, 자신이 할 말만을 생각한다든가 아니면 애매모호한 질문을 하는 것 등이 해당될 수 있다. 따라서 경청하기는 자신이 듣고 싶은 말에만 선택적으로 듣는 것이 아니라 집단에 참여한 동료 장병의 말과 행동 모두에 주의를 기울이는 것이다. 이러한 경청은 집단과정에서 자기개방이 잘 이루어지게 하는 기술이 되기도 한다. 만일 자신의 말이 경청되지 않는다고 느끼게 되면 집단원은 마음 문을 닫고 자신의 깊은 문제를 꺼내지 않을 것이다(Corey, 2012).

5) 공감하기

공감은 상대가 느끼고 지각하는 주관적인 경험을 가능한 한 있는 그대로 이해하고 체험하는 능력을 말한다. 집단에 참여한 장병이 이러한 공감을 받게 되면 자신을 이해하고 수용해 준다고 믿기 때문에 자신의 심리적 어려움과 갈등 문제를 잘 드러내게 된다. 아울러 집단에 참여한 장병 간 신뢰관계에도 긍정적인 영향을 미친다. 이러한 점을 고려한다면 군 집단지도자는 집단에 참여한 장병을 비판하거나 평가하는 행동을 삼가야 하며, 적절한 수준의 공감적인 반응을 많이 보여 주어야 한다.

특히, 공감기술은 학습을 통해 주입식으로 이루어지게 되면 하나의 수단으로 전락되어 참신성을 잃을 수가 있으며, 자기방어를 위한 목적으로 악용될 수도 있다. 따라서 바람직한 공감을 위해서는 먼저 집단지도자가 시범을 보이는 것이 필요한데, 공감의 생동감을 장병 스스로 느끼게 하여 공감 반응이 자연스럽게 나오게 하는 것이 중요하기 때문이다. 가르쳐서 나타나는 공감의 반응보다 스스로 깨우쳐서 나오는 공감 반응일 때 우리는 더 진정성을 느끼게 된다.

6) 존중하기

군은 국가와 국민을 지키기 위해 존재하는 집단이다. 그러므로 명령과 복종의 체계로 부대가 운영되어야 하는 당위성을 가진다. 이러한 위계적인 군대문화와 경직된 부대분위기에서는 장병 개인이 존중되고 있다는 느낌을 받기가 매우 어렵다. 존중은 한 인간 개체가 개성 있는 특별한 존재로서 인정받고 수용되는 것을 말한다. 또한 솔직하고 정직하게 상대의 모습을 바라보는 것이며, 동시에 상대방이 나와 다를 수 있다는 권리를 인정하는 것이기도 하다.

군 집단상담 과정에서 개인 장병이 존중받고 있다는 느낌을 느끼게 되면 보다 개방적이 되고 활발한 상호작용을 하려는 의욕이 생기게 된다. 군에서 존중받는 경험은 집단자존감 수준을 높이고, 군을 좀 더 의미 있고 가치 있게 바라보도록 하는 데에도 기여한다. 또한 사랑받는 체험으로까지 이어지게 되고, 자신을 힘들고 고통스럽게 했던 부정적인 정서로부터도 해방되게 하는 등 긍정적인 작용을 한다. 나아가 자기 자신을 이해하고 수용하며, 타인을 존중하는 데에도 주저하지 않게 된다. 이렇게 존중하기는 군 집단상담 과정에서뿐만 아니라 일상생활 속에서도 유용하게 활용되어야 할 중요한 기술이다.

7) 반영하기

반영은 경청을 통해 파악한 말의 핵심과 본질을 집단지도자가 적절한 말과 행동으로 다시 되돌려 줌으로써 상호작용을 촉진하는 기술이다. 이것은 집단에 참여한 사람들로 하여금 자기 이해를 도울 뿐만 아니라 자기가 이해받고 있다는 인식을 갖게 한다. 그러나 집단원이 한 말을 그대로 반복하는 식으로 반영하게 하면, 자기 말이 잘못되지는 않았나 생각하게 되고, 지도자의 말에 가식의 느낌을 받기가 쉽다. 따라서 반영의 핵심은 말의 본질을 살려 진술해 주거나, 바라는 기대가 무엇인지를 말해 주는 것이다(김태현 외, 2013).

사람의 감정은 흔히 바다에 비유되기도 한다. 바다는 겉으로 보이는 수면도 있고 동시에 눈으로 볼 수 없는 깊은 심해도 있다. 이러한 점에서 집단지도자는 수면 위의 잔물결과 같은 감정만 볼 것이 아니라 바닷속 깊은 심해에 있는 감정을 파악하는 능력이 요구된다. 아울러 파악된 감정을 참신한 말이나 메타포(metaphor)로 반영해 줄 수 있어야 한다. 이렇게 될 때 집단에 참여한 장병들은 집단지도자가 자신에게 관심을 가지고 있고, 자신을 이해하려고 노력하고 있다는 것을 알게 되어 집단활동에 보다 적극적으로 임하게 된다.

제2절 군 집단과정 촉진기술

1. 주요 기법

1) 자기노출하기

집단지도자는 적절한 때에 자기 자신에 대한 정보를 개방할 줄 알아야 한다. 집단지도자의 자기노출은 집단에 참여한 장병이 보다 철저하고 깊이 있는 자기탐색을 하는 데 영향을 준다. 집단지도자가 자신의 생각과 경험, 느낌을 솔직하게 노출하면 장병은 지도자를 따뜻하고 진실한 한 인간으로 보고 친밀감과 동질감을 느낀다. 그리고 이를 본받아 자신도 깊이 있는 탐색을 시도한다.

자기노출은 장병의 경험과 느낌이 주가 될 때 보다 효과적으로 작용한다. 집단에 처음 참여한 이등병이 불안한 행동과 위축된 모습을 보인다고 한다면, 군 집단지도자는 자신의 소대장 시절에 있었던 초도부임 때의 경험을 이야기할 수 있다. 소대장 시절 부대에 처음 전입해 올 때 느꼈던 불안한 감정을 털어놓게 되면, 상담에 처음 참여한 이등병은 자신이 겪은 불안 경험을 함께 나누는 것이 된다. 이로 인해 이등병의 불안은 해결되고 동시에 유대감까지 느끼게 된다. 이외에도 군 생활에 대한 걱정, 여자 친구와의 헤어짐과 같은 개인적인 자기노출도 집단에 참여한 동료들의 자기탐색에 좋은 영향을 미친다.

2) 피드백 주기

군 집단상담의 중요한 목적 중 하나는 병영생활을 함께하는 동료들이 자기를 어떻게 바라보고 있으며, 또 어떻게 느끼고 있는지에 대한 학습기회를 제공하는 것이다. 이러한 학습은 피드백을 통해서 얻을 수 있는데, 피드백은 타인의 행동에 대해 자신의 반응을 솔직히 이야기해 주는 것을 말한다. 군 집단지도자가 이

방법을 잘 사용하게 되면 집단에 참여한 장병들의 특정 행동변화에 큰 도움을 줄 수 있다.

피드백은 관찰한 행동에 대해서 구체적으로 하는 것이 효과적이다. 그리고 행동이 일어난 직후에 하는 것이 효과가 있으며, 피드백을 받아들일 마음의 준비가 되어 있을 때 하는 것이 더욱 좋다. 유의해야 할 사항으로는 피드백을 받는 대상이 하급자라고 해서 충고와 조언에 가까운 형태로 하는 것은 바람직하지 않다. 또한 피드백을 한다고 해서 내 생각이나 느낌을 나타내는 데 그쳐서는 안 되며, 병영생활과 관련된 변화 가능한 행동에 대해서 하는 것이 좋다.

3) 명료화하기

명료화는 장병이 한 말에 내포되어 있는 뜻을 다시 장병에게 요약 정리하여 전달해 주는 것이다. 장병의 말이나 감정, 생각 속에 내포된 의미를 보다 분명하고 명확하게 말해 주는 것이다. 명료화의 내용은 어디까지나 장병의 말 속에 포함된 내용의 범위 안에서 해야 한다. 그리고 명료화는 장병이 알지 못하는 의미나 관계 또는 애매하고 혼란스럽게 여기던 내용을 정리해 준다는 점에서 자신이 이해받고 있다는 느낌을 갖게 한다. 그 결과 자신이 미처 생각하지 못했던 측면을 다시 생각해 볼 수 있게 하는 반성적 효과는 물론 상담에 적극적이고 능동적으로 참여하게 하는 효과를 가져온다(김계현, 1990).

4) 직면하기

직면은 적극적인 상담개입 방법이다. 언어적 메시지와 비언어적 메시지가 일치하지 않을 때 혹은 말과 행동이 일치하지 않을 때, 말과 정서가 일치하지 않을 때 이를 직접적으로 지적하여 자기각성에 이르게 하는 기술이다. 이러한 직면은 집단에 참여한 장병의 변화와 성장을 증진시킬 수 있는 반면, 심리적인 위협과 상처를 안겨 줄 수도 있어 주의를 요하는 기술이 되기도 한다. 따라서 직면을 사

용할 때는 장병이 그것을 받아들일 준비가 되어 있는지를 점검하고 해야 한다. 또한 이 기술을 사용할 때는 집단에 참여한 장병 전체를 규정지어 판단하는 것은 비람직하지 않다. 취급해야 할 특정 행동에 대해서만 구체적으로 직면하되 자신의 느낌을 솔직하고 따뜻하게 표현하는 것이 중요하다.

5) 질문하기

질문은 집단에 참여한 장병으로 하여금 자신의 감정을 구체적이고 솔직하게 표현하게 하고, 감정의 근원을 밝히도록 하는 데 도움 되는 기술이다. 이러한 기술은 사건이나 경험을 지금-여기에 초점을 맞추는 것이 중요하다. 또한 '왜'라고 묻는 것보다 '어떻게'라고 묻는 개방적 질문이 더 유용하다. 군 집단상담에서 이루어지는 개방적 질문의 예를 제시하면 다음과 같다.

- "왕자님(별칭)은 지금 집단에 참여해서 어떠한 느낌을 받고 있는지요?"
- "사랑님(별칭)은 지난번 발생한 1중대 탈영사건에 대해 어떻게 느끼셨는지요?"
- "겸손님(별칭)은 지금 피드백을 받은 것에 대해 어떤 느낌이신지요?"
- "용서님(별칭)은 방금 겸손님이 표현한 것에 대해 어떻게 느끼셨습니까?"
- "토끼님(별칭)은 조금 전 얼굴을 찡그리는 것 같았는데 무슨 이유라도 있으신지요?"

6) 해석하기

해석은 다른 각도에서 자기의 행동과 내면세계를 파악하게 하는 기술이다. 따라서 해석은 통찰을 촉진하고 감정을 경험하게 하며, 문제의 원인이 자신에게 있음을 인식하게 한다. 아울러 자신의 문제를 새로운 각도와 관점에서 바라보게 하고, 생활경험과 행동의 의미를 새롭게 부여하여 설명하는 것이 된다. 이러한 해석은 집단에 참여한 장병의 사고, 감정, 행동에 숨겨진 문제나 패턴을 설명하게 됨으로써 자신의 문제를 다른 관점에서 조망하고 통찰할 수 있게 한다. 또한 이와 함께 새로운 내적 참조의 틀을 제시해 주고 책임감을 갖도록 하는 데에도 기여하게 된다.

예를 들면, "왕자님은 우리 중 누군가가 이등병 때의 힘든 군 생활을 이야기할 때마다 끼어들던데, 혹시 자신의 고통스런 경험을 두려워해서 그런 것은 아닌지요?" 또는 "사랑님은 애인과 헤어진 것에 유독 힘들어하는 것 같은데, 혹시 그것은 부모님의 이혼에 대한 아픈 경험 때문에 그런 것은 아닌지요?"라고 질문하여 다른 각도에 자신을 돌아보게 하는 것이다. 특히, 해석은 집단지도자가 집단원인 장병에게 직접 하는 것도 좋지만, 가능하면 집단에 참여한 장병들끼리 서로 하는 것이 더욱 효과가 있다.

7) 제지하기

군 집단지도자는 집단원의 바람직하지 않은 행동을 보면 이를 분명하게 제지할 수 있어야 한다. 그렇다고 인격 자체를 비난하거나 평가해서는 안 되며, 바람직하지 않은 행동만을 제지하는 데 초점을 맞추어야 한다. 집단에 참여한 장병의 행동을 제지해야 하는 경우는 주로 장병의 개인 중심적인 태도로 인해 나타나는 행동들이 대부분이다. 예를 들어, 지나치게 동료를 비난하거나 험담을 하고, 집단분위기를 소란스럽게 하는 경우가 이에 해당된다.

만약, 다른 장병의 단점과 아픈 상처를 캐내려고 하는 경우에는 개인의 사적 영역을 침범하는 것임을 지적할 필요가 있다. 또한 장황하고 길게 말을 하거나 피드백을 독점하여 다른 장병이 말할 권리를 침해하는 경우에도 이를 제지해야 한다. 또한 자신의 문제를 마치 딴 사람의 얘기처럼 떠넘겨 말하는 경우와 충고하기, 상처 봉합하기 등이 나타날 때에도 집단지도자가 직접 나서서 제지할 수 있어야 한다.

제3절 군 집단상담 종결기술

1. 주요 기법

1) 집단경험 뒤돌아보기

군대는 훈련이나 연습, 시범 등 주요 부대활동이 마무리되는 시기가 돌아오면 그 과정을 뒤돌아보는 사후 검토시간을 갖는 것이 정례화되어 있다. 군 집단상담도 이와 같이 상담과정이 종결되기 전에 집단에 참여한 장병들로 하여금 그동안 경험하고 느낀 점을 뒤돌아보게 한다. 집단상담을 통해 깨달은 것이 있다면 그것은 무엇이고, 또 어떤 교훈을 얻게 되었는지를 돌아보게 하여 집단경험 결과를 통합해야 한다. 자신이 경험한 상담과정의 주요 순간을 뒤돌아보게 하는 방법은 여러 가지가 있다. 그중 하나는 지나온 상담과정을 조용히 머리에 떠올리는 것이다. 또 다른 하나는 집단상담 과정에서 깨달았던 점과 좋았던 점 그리고 싫었던 점 등을 질문하고, 어떻게 하면 앞으로 더 좋은 집단이 될 것인가를 논의하는 것이다.

2) 두려운 감정 다루기

일반 집단상담의 종결단계에서는 집단원이 헤어진다는 사실에 대해 느끼는 아쉬움과 불안을 처리한다. 집단상담 과정이 곧 끝난다는 사실을 집단원이 알게 되면 이전보다 소극적으로 상담에 참여할 수 있다. 이러한 행동이 나타나는 이유는 자신을 존중해 주고, 관심과 지지를 보냈던 사람들과 관계가 단절되는 안타까운 감정을 경험하기 때문이다. 그러나 군 집단상담의 경우에는 함께 군 생활하는 동료들이 대부분 참석한 관계로 이별의 아쉬움이나 상실의 느낌을 크게 받지 않는다. 그러나 이등병과 같이 계급이 낮은 장병은 집단을 떠나 일상의 군 생활로 복귀한다는 사실에 예기불안을 느끼며, 집단에서 배운 것을 실제 병영생활에 옮길 수 있을 것인가에 대한 두려움도 갖게 된다. 따라서 군 집단지도자는 이러한 감정이 잘못된 것이 아니라 상담과정을 통해 자연스럽게 형성된 감정임을 설명함으로써 불안과 두려움을 해소시켜야 한다.

3) 미해결과제 다루기

집단상담이 이루어진 과정에서 탐색된 모든 문제가 다 해결된다는 것은 현실적으로 어려운 문제다. 그러므로 모든 문제가 다 해결되기를 기대하는 것은 바람직하지 않을 수 있다. 그러나 군 집단지도자는 미해결된 과제가 너무 많이 발생하지 않도록 유의하여 집단과정을 마무리해야 한다. 이를 위해서는 집단에 참여한 장병의 인간관계나 집단목표에 관련된 미해결된 문제를 작업하는 데 필요한 시간을 할애하는 것이 중요하다. 개인의 문제가 완전히 해결되지 못한 장병에게는 그 문제를 나눌 수 있는 별도의 시간을 마련하는 것이 좋다. 만약 미해결된 과제가 경미한 경우에는 다음 회기의 집단상담 시간에 도움을 줄 수 있으며, 아니면 개인상담을 통해 해결하는 방안도 하나의 조력 방법이 될 수 있다.

4) 상담 마무리하기

군 집단상담은 사전 규정된 시간에 시작하여 규정된 시간에 마쳐야 한다. 만약 군 집단지도자가 규정된 시간에 상담을 마치지 못하면 장병들은 약속을 지키지 않는 집단지도자로 낙인 찍을 수 있다. 이러한 현상이 초래되면 장병의 신뢰를 잃어 후속 회기 집단상담 과정에서 장병들의 참여의식이 저조하게 나타날 가능성이 있어 주의해야 한다. 군 집단상담의 마무리는 다음과 같은 내용을 주로 다룬다.

- 집단상담을 계속해서 경험할 수 있는 후속계획과 방법을 논의한다.
- 집단상담 종결 후 개인상담을 할 수 있는 방법과 절차를 알려 준다.
- 상담에서 학습한 것을 실제 병영생활에 활용할 수 있는 실용적인 방법을 찾는다.
- 집단을 떠나 자대로 복귀하게 될 때 직면할 심리적 문제를 구체적으로 논의한다.

요약

① 집단상담을 성공적으로 진행하기 위해서는 집단 내에서 일어나는 역동을 예민하게 감지해 낼 수 있는 능력과 기술이 필요하다. 또한 집단의 기능을 최대로 활용하는 기술과 실용적인 기술이 요구되고, 집단관계를 지지하는 기술도 필요하게 된다. 이를 위한 기본기술로는 구조화하기, 관심 기울이기, 지지하기, 경청하기, 공감하기, 존중하기, 반영하기 등이 있다.

② 군 집단상담의 중요한 목적 중 하나는 병영생활을 함께하는 동료가 자기를 어떻게 보고 있으며, 또 어떻게 느끼고 있는지에 대해 학습할 수 있는 기회를 제공하는 것이다. 피드백은 자신의 행동에 대해 타인이 솔직히 이야기해 주는 과정을 말한다. 이 방법은 집단에 참여한 장병의 특정 행동에 변화를 줄 수 있다. 집단과정을 촉진하는 기술로는 자기노출하기, 명료화하기, 직면하기, 질문하기, 해석하기, 제지하기 등이 있다.

③ 집단의 발달과 개인의 성장은 동반 상승하는 특징이 있다. 이러한 이유로 집단상담 과정에서는 집단의 공동목표를 다루고 문제를 해결해 나가는 집단목표 성취기술이 필요하다. 구체적인 방법으로는 제안하기, 정보 공유하기, 설명하기 등이 있으며, 조정하기, 방향 제시하기, 평가하기, 활기차게 하기, 진행 돕기, 기록하기 등도 활용된다.

④ 집단상담의 종결기법은 여러 가지다. 집단경험 뒤돌아보기는 집단과정에서 그동안 활동하면서 좋았던 점과 싫었던 점 그리고 어떻게 하면 앞으로 더 좋은 집단이 될 것인가와 같은 것을 되돌아보게 하는 방법이다. 또한 집단에 참여한 장병들 상호 간 대인관계나 집단목표와 관련된 미해결된 과제를 작업하는 것이다. 마지막으로 집단을 떠나 자대생활로 복귀하게 될 때 직면하게 될 예상되는 어려움을 논의하며 집단을 마무리하는 것이다.

CHAPTER 8

군 집단지도자의 자질

어떤 한 사람이 집단상담과 관련된 전문적인 지식과 기술 그리고 다양한 자격을 갖추었다고 한다면 우리는 과연 그를 집단상담 전문가라고 할 수 있는가? 그 질문에 대한 대답은 '그렇지 않다'일 것이다. 상담에 관한 이론적 지식과 기술을 지녔다고 해서 집단지도자로서의 자질을 모두 갖추었다고 자신 있게 말할 수는 없다. 집단상담 전문가로서 전문적인 지식과 기술 그리고 상담경험을 갖추는 것은 어찌 보면 당연한 일이다. 그러나 이것만으로 상담전문가가 갖추어야 할 자격을 모두 갖추었다고 말할 수는 없다. 바람직한 인간적 자질과 윤리적 자질까지 모두 갖추어야 진정한 상담전문가라고 할 수 있다. 따라서 본 장에서는 군 집단지도자로서 갖추어야 할 인간적 자질과 전문적 자질 그리고 윤리적 자질에 대해 살펴보기로 하겠다.

제1절 인간적 자질

1. 기본적 요소

집단지도자는 상담에 관한 이론적 지식과 전문적 기술을 지니고 있어야 한다. 많은 학자들은 효과적이고 생산적인 상담을 위하여 집단지도자가 지녀야 할 자질에 관하여 언급하고 있다. 이형득 등(2010)은 지도자의 핵심 자질은 인간에 대한 선의와 관심, 자신에 대한 각성, 용기, 창의적이며 주도적인 태도, 끈기, 유머로 집약한 바 있는데, 이를 군에 적용하여 살펴보기로 하겠다.

1) 긍정적 인간관

인간에 대한 긍정적인 관심과 집단에 참여한 사람들의 안녕, 행복에 관심을 갖는 것은 성공적인 집단상담을 위한 지도자의 필수 요건이다. 군 집단지도자는 집단에 참여한 장병들을 진심으로 존중하고 신뢰할 수 있어야 한다. 그들의 가치를 높게 인정해 줄 때 집단상담은 성공할 수 있다. 군 장병 중에는 부정적이고 왜곡된 신념을 가지고 있는 장병들이 적지 않다. 그러나 이들에게 인간적인 존중과 따뜻한 마음을 가져야 하는 것이 집단지도자의 바람직한 자세다. 군 생활이 힘들어 어찌할 바를 모르고 상심하거나 절망하고 있을 때 집단지도자의 따뜻한 온정과 관심은 그 자체로 치료적 효과를 발휘한다.

2) 자기이해

군 간부가 집단지도자가 되는 경우에는 그가 군인이기 이전에 한 인간으로서 인간다운 모습을 장병들에게 보일 수 있어야 한다. 이를 위해서는 집단지도자 자신의 세계관과 정체성, 가치관, 강점과 단점 등에 대하여 객관적으로 알고 있어야 한다. 자신이 지금 집단에 참여한 장병들에게 무엇을 어떻게 하고 있는지를 인식하지 못하는 집단지도자는 집단에 참여한 장병들의 자기이해를 적절히 도울 수 없다. 장병의 행동변화는 자기이해를 바탕으로 이루어진다. 그러므로 군 집단지도자는 항시 새로운 삶의 경험과 방식에 대한 개방적인 태도를 지녀야 함은 물론 끊임없는 자기이해를 위한 노력을 기울여야 한다.

3) 정서적 성숙

군 집단지도자는 집단상담 과정에서 다양한 심리적 문제와 예민한 정서적 변화에 직면할 수 있다. 그러나 어떠한 경우라도 집단지도자 자신의 정서는 철저히 통제되어야 한다. 그래야 집단에 참여한 장병들이 안심하고 자신의 이야기를 꺼낼 수 있다. 정서적으로 미성숙한 집단지도자는 집단활동을 저해하는 장병을 만나게 되면 싫은 감정을 보일 수 있다. 자신의 감정을 숨기고 마치 좋은 감정을 가지고 있는 것처럼 위장된 모습을 하고 장병을 대하더라도 집단에 참여한 장병들은 이를 쉽게 알아차린다. 따라서 정서적으로 성숙한 군 집단지도자가 되기 위해서는 먼저 자신의 모순되고 미성숙한 감정을 지속적으로 탐색하여 침착성과 포용성을 지녀야 한다. 아울러 자신의 미성숙한 정서로 인해 나타나는 행동은 어떤 것들이 있는지 지속적으로 파악하여 이를 수정해 나가야 한다.

4) 인내와 끈기

군 집단상담 과정이 늘 즐겁고 보람 있게 느껴지는 것은 아니다. 때로는 답답하고 힘들며 심리적 에너지가 소진되는 느낌을 받기도 한다. 특히, 군 집단상담은 장병들이 비자발적으로 집단에 참여하는 경우가 많아 장시간 침묵하거나 상담을 회피하는 행동이 나타나기도 한다. 또한 상담을 시작할 때부터 집단분위기가 신뢰롭지 않아 집단에 참여한 장병들의 상호작용과 집단역동이 제대로 나타나지 않기도 한다. 이러한 상태로 집단활동이 계속 이어지면 어느 집단지도자라

도 집단활동을 중단하고 싶은 마음이 생긴다. 그러나 군 집단지도자는 어떠한 어려움과 난관이 있다 하더라도 이를 잘 극복하고 지혜롭게 헤쳐 나갈 수 있는 인내와 끈기가 있어야 한다. 그것이 곧 집단상담 과정을 성공적으로 종결지을 수 있게 하는 원동력이다.

5) 창의적 태도

창의적인 태도는 끊임없이 새로움을 추구하는 것이다. 군 집단상담은 방어적이고 폐쇄적으로 이루어지면 실패하기 쉽다. 따라서 군 집단상담이 성공하기 위해서는 창의적이고 개방적으로 이루어져야 한다. 일부 집단에 참여한 장병이 부정적이고 폐쇄적인 모습을 보인다 하더라도 이를 지나치게 좋지 않은 시선으로 바라보는 것은 적절치 않다. 집단에 참여한 장병의 바람직하지 않은 모습까지 한 차원 높게 창의적이고 독창적인 관점에서 바라볼 수 있어야 한다. 합리적인 이성과 창의적인 태도로 집단에 참여한 장병들을 대하되, 독창적이지 않은 타성에 젖은 모습은 멀리해야 한다. 다시 말해, 새로운 경험에 늘 창의적이고 개방적인 지도자가 되어야 한다는 것이다.

2. 인간적 요소

집단의 발달을 촉진하는 지도자의 자질은 여러 상담이론에 잘 제시되어 있다. 인본주의 학자들은 인간적 자질이 상담의 성패를 가름하는 결정적인 요소로 여기기도 한다. 이는 집단지도자의 인간적 자질이 집단원의 성장을 촉진하고 발달을 조력하는 것이 가능하다고 보기 때문이다. 이렇게 집단상담은 집단지도자의 인간 됨됨이를 중요하게 여긴다. Rogers를 포함한 인본주의 학자들이 주장하는 상담자의 인간적 자질에 대해 살펴보기로 하겠다.

1) 진실한 태도

집단지도자의 진실성은 집단의 전 과정에 중요하게 작용한다. 모르면 모른다 하고 두려우면 두렵다 하고, 싫으면 싫다고 하는 것이 곧 진실한 태도다. 만약 집단지도자의 불일치한 행동과 진실하지 못한 모습을 집단원이 보게 된다면 집단원은 이러한 행동을 은연중 본받는다. 그러나 집단지도자가 진실한 모습을 보이면 집단원은 지도자를 따라 진실한 사람이 되기 위해 노력한다. 이와 같이 진실성은 집단에서 의미 있는 만남을 가능하게 하고 상호작용을 촉진한다. 따라서 진실성을 가진 참된 한 인간으로서의 모습을 지니기 위해서는 다음과 같은 질문을 늘 자신에게 해야 한다.

- 나는 진실한 사람인가?
- 나는 겉과 속이 같은 인간인가?
- 나의 생각과 감정, 행동은 일치하는가?
- 나는 가식이 없는 태도로 집단에 참여한 사람들과 마주하고 있는가?
- 나는 내 자신의 감정을 정확하게 지각하고 또 진솔하게 표현하고 있는가?

2) 존중하는 마음

존중은 소유와 반대되는 비소유의 개념이다. 소유하려는 사람은 인간의 자율성을 인정하지 않고 자아실현의 성향을 구속하거나 억압하며 복종, 비굴, 반항, 속이기, 이중적 태도와 같은 좋지 않은 행동을 유발하기 쉽다. 그러나 존중은 인간 자체를 스스로 성장하는 하나의 완전한 유기체로 보고 이를 신뢰하는 것에 바탕을 둔다. 군 집단지도자가 갖추어야 할 존중하는 태도란 집단에 참여한 장병들의 생각과 느낌, 의견 그리고 인간성에 대해 인정하고 수용하는 것이다. 집단에 참여한 장병 한 명, 한 명을 각각 다른 개체로 바라보고 이를 인정할 뿐만 아니라 마땅히 존중하고 신뢰하는 것이다. 능력이 부족하면 부족한 대로, 불안해 하면 불안한 대로 받아들이고 믿는 것이다.

3) 공감적 이해

집단원의 아픔이나 좌절, 슬픔을 함께할 수 있는 집단지도자는 무기력하게 소진되어 있는 사람에게 희망을 줄 수 있다. 집단지도자의 공감 능력은 집단원의 감정과 경험을 마치 자신의 것처럼 정확하고 민감하게 이해하고 반응하는 것이다. 즉, 집단지도자가 집단원의 감정에 빠져들지 않으면서 집단원의 감정을 자신의 것처럼 느끼는 것을 말한다.

이를 군에 적용해 보면 장병과 같은 눈으로 보고, 장병이 듣는 귀로 함께 듣는 것처럼 하는 것이다. 이러한 공감적 이해는 억압된 감정이나 부적응의 경험을 자유로이 탐색하게 하는 용기를 갖게 한다. 또한 집단원 개인 자신이 진정으로 이해받고 있음을 알게 하며, 수용되고 있다는 느낌을 받게 하여 편안하게 자신을 뒤돌아보고 탐색할 수 있게 한다(김헌수 외, 2006).

4) 심리적 안정

집단에 참여한 장병 중에는 몹시 불안한 행동을 하거나 침묵을 지속적으로 유지하는 자가 포함되어 있을 수 있다. 또한 공격하기와 충고하기를 반복하고 자신의 모습을 부정적으로 왜곡하여 집단지도자를 시험하는 자도 있을 수 있다. 군 집단지도자는 이 같은 시험에 말려들지 않도록 강한 심리적 안정감을 지녀야 한다. 심리적 안정감이 있는 군 집단지도자는 어떠한 문제 상황에서도 장병을 존중할 줄 알고, 장병 한 사람, 한 사람을 인간적으로 대할 수 있다. 집단에 참여한 장병 역시 심리적 안정감을 가진 집단지도자 앞에서는 자신의 모습을 부정왜곡하지 않고 솔직하게 드러내며, 상담과정에도 적극적으로 참여하게 된다.

5) 반응의 민감성

민감성이란 자기방어적이고 소극적인 성격 특성이 아니며, 타인의 태도에 섬세함을 나타내는 반응을 말한다. 따라서 민감성은 공감적 이해와 무조건적 존중의 마음에서 발현된다고 할 수 있다. 군에서 집단상담을 처음 경험해 보거나 계급이 낮은 장병 같은 경우에는 집단상담 참여 그 자체에 불안을 느껴 예민하고 긴장된 상태에 있을 수 있다. 따라서 군 집단지도자는 집단에 참여한 장병이 어떠한 상황에서라도 불안해하거나 위협을 느끼지 않도록 섬세하고 민감한 반응을 보일 수 있어야 한다.

3. 리더십 요소

군 집단지도자는 생각하고 행동하는 것이 신속해야 하며 상황판단 능력도 빨라야 한다. 군 집단에서는 예기치 못한 일이 갑자기 생겨 그때마다 신속하게 상황을 파악하고 계획을 변경시켜야 하는 일이 자주 발생한다. 이러한 점에서 군 집단지도자가 갖추어야 할 리더십의 자질을 살펴보도록 하겠다.

1) 진정한 용기

군 조직의 구성원들이 갖추어야 할 중요한 덕목 중 하나는 용기다. 용기는 실패할 가능성이 있음에도 불구하고 불굴의 투지로 도전하는 것을 말한다. 시간과 장소, 상황에 따라 어떤 것이 옳고 그른지 확실하지 않더라도 자신의 신념대로 감행하는 것이 용기다. 즉, 실수나 실패의 가능성에서도 불구하고 새로운 행동을 실천으로 옮기는 것이다. 구태의연한 병영문화의 구습과 풍토를 혁신하고, 부당한 취급을 당하는 장병들을 보호하기 위해서도 반드시 용기가 필요하다. 이렇게 용기는 군 집단지도자가 지녀야 할 중요한 개인 특성의 하나가 된다.

2) 소통 능력

군 집단지도자는 소통 능력을 기본적으로 갖추고 있어야 한다. 군 간부가 집단지도자가 되는 경우에는 자신도 모르게 간부로의 위치와 능력을 과시하려는 행동을 하는 경우가 있는데, 이러한 행동은 소통과 상호작용을 가로막는 결과를 초래한다. 소통은 타인을 수용하고 포용하려는 마음에서 시작되며, 잘 들어주려는 마음이 근본 바탕이 된다. 따라서 소통을 잘하는 군 집단지도자는 앞에 나서지 않고 조용히 머물러 있으면서 장병들의 말을 잘 들어주는 사람이다. 아울러 대화를 하는 과정에서는 적절한 공감과 따뜻한 피드백을 제공하여 집단목표를 효과적으로 달성할 수 있게 하는 사람이다.

3) 화합 능력

군대는 어떤 기관이나 조직보다도 구성원들의 화합과 단결이 요구되는 조직이다. 군 집단지도자의 위치에 있게 되면 다양한 성격 특성의 장병과 마주할 때가 많다. 집단에 참여한 장병 상호 간에도 군 생활 경험과 가치관이 달라 의견이 대립되는 경우가 있다. 그러나 어떠한 경우라도 군 집단상담 과정에서 감정이 격해지거나 다투는 일이 발생되어서는 안 되며, 넓은 포용력과 이해심으로 장병들의 화합을 이끌어 내야 한다.

4) 웃음과 유머

군대에서는 얼마 전까지만 해도 장병이 웃는 모습을 보이게 되면 이를 군기 빠진 모습으로 취급하기까지 하였다. 그래서 하급자들은 웃어야 되는 상황임에도 불구하고 긴장되고 경직된 표정을 할 수밖에 없었다. 군 집단상담은 하나의 진지한 학습과정임과 동시에 웃음과 유머가 필요한 과정이다. 부대의 위계적인 상황과 상명하복이 요구되는 경직된 분위기에서는 긴장을 해소하기 위한 웃음과 유머가 더욱 필요하다. 따라서 유능한 군 집단지도자는 집단상담 과정에서 웃음과 유머를 적절히 활용하는 사람이라고 할 수 있다.

제2절 전문적 자질

1. 기본적 요소

집단지도자의 전문적 자질은 집단상담 과정에 매우 중요하게 작용한다. 상담 전문성이 부족한 지도자가 집단을 지도하게 되면 소경이 소경을 이끌고 가는 식의 엉터리 상담을 진행할 가능성이 있어 오히려 상담을 하지 않는 편이 더 나을 수 있다. 전문적 자질을 갖춘 집단지도자라는 것은 상담이론을 깊이 잘 이해하고 아울러 상담을 효율적으로 진행하는 방법과 절차를 잘 알고 있는 자를 말한다. 또한 상담이론과 지식을 바탕으로 충분한 상담실습 경험을 쌓고, 수련전문가로부터 훈련 지도를 받아 상담역량이 숙련되어 있는 자를 의미하는데, 이를 살펴보기로 하자.

1) 상담이론의 이해

상담이론은 집단원이 호소하는 문제의 원인을 이해하고, 자기성장을 조력할 수 있는 틀과 가설을 제공해 주며, 집단이 나아가야 할 방향을 제시해 주는 역할을 한다. 따라서 이를 토대로 앞으로 일어날 일을 예측하여 행동변화와 성장을 조력하게 된다. 상담이론을 충분히 이해하고 있는 집단지도자는 집단원의 문제에 대해 이론을 근거로 진단할 수 있으며, 문제를 해결하는 방법 또한 이론을 적절히 적용할 수 있다. 이렇듯 집단지도자는 다양한 상담에서 제시하는 인간관과 이론적 배경, 개념, 상담기술들을 정확히 이해하고 다룰 수 있어야 한다.

2) 인간 이해

집단지도자는 인간적 자질뿐만 아니라 상담을 수행하는 데 필요한 학문적 소양과 인간이해에 대한 기본 지식이 구비되어 있어야 한다. 인간 성격을 이해하는 능력을 갖추는 것에 있어서는 성격이론과 성격발달, 이상성격의 특징, 성격과 사회문화적 요인과의 관계에 대해 잘 알고 있어야 한다. 그리고 사회문화 환경에 대한 지식과 아울러 개인의 심리적 특성을 측정하고 평가할 수 있는 능력도 갖추고 있어야 한다. 이와 같이 다양한 인간의 특성을 이해하는 학문적 지식을 습득하고 심리적 특성을 측정하는 도구사용 능력을 갖추었을 때, 비로소 집단에 참여한 장병들의 행동 변화를 위해 적절히 조력할 수 있게 된다.

3) 상담역량

집단지도자의 중요한 전문성 중 하나는 상담역량이다. 좀 더 구체적으로 집단지도자의 상담역량을 살펴보면 그것은 첫째, 집단구성원을 공감하는 능력과 통찰, 자각능력이 구비되어야 한다. 집단원의 입장에서 무엇을 경험하고 있는지를 느낄 수 있는 능력이 갖추어져 있어야 하는 것이다. 둘째, 관찰력이 있어야 한다. 집단원의 말을 잘 경청할 수 있을 뿐만 아니라 비언어적인 표현과 자신의 반응까지도 관찰할 수 있는 능력이 있어야 한다. 셋째, 집단원의 불안과 두려움을 야기하는 고통스러운 기억이나 경험을 잘 드러내게 하는 능력이 있어야 하는데, 이러한 것이 곧 집단지도자의 역량이라고 할 수 있다.

4) 상담기술

집단지도자는 상담이론을 통해 집단원이 지니고 있는 문제의 원인을 정확히 파악할 수 있어야 하며, 이에 대한 해결책을 구상할 수 있어야 한다. 그러나 상담이론에 대한 지식만으로는 부족하며 구체적인 상담방법에 대해서도 잘 알고 있어야 한다. 상담기술이란 심리적 증상이나 부적응 행동을 완화하고 경감시키는 데 필요한 여러 가지 방법론을 말한다. 신뢰관계를 맺는 방법과 기술, 상담전략, 단계별 상담진행요령과 상담 제한사항 등을 극복하는 방법에 대해 잘 알고 있어야 한다. 또한 상담의 원리와 과정, 절차, 기술 등 상담 실제에 대한 능력을 모두 갖추어야 한다.

2. 경험적 요소

1) 다양한 경험적 지식

집단지도자는 상담을 시작하기 전 집단구성에 관련된 사항을 계획할 수 있어야 한다. 집단역동의 흐름과 집단의 변화요인을 충분히 고려하여 전체 집단상담의 회기에 대한 계획을 수립할 수 있어야 한다. 아울러 집단목적을 달성할 수 있는 다양한 기법과 전략을 짜는 능력을 갖추어야 하며, 집단원의 자율적인 의사결정을 촉진하고, 문제해결 능력을 높여 궁극적인 행동변화를 가져오게 해야 한다. 이를 위해 집단지도자는 인간의 다양한 쟁점 문제 해결에 필요한 폭넓은 경험과 지식을 구비하고 있어야 한다.

2) 실습과 상담경험

집단상담 전반에 대한 교육과 훈련을 목적으로 하는 실습은 상담과정에 대한 통찰력과 이해력을 길러 준다. 집단상담 실습은 집단지도자가 되기 위한 필수 조건에 해당한다. 집단을 직접 지도해 보는 실습은 집단운영에 필요한 다양하고 유용한 실무를 익히고, 전문가로서의 경험과 기술능력을 축적해 준다. 또한 집단의 일원으로 참여한 경험도 충분히 쌓아야 하는데, 이는 집단원의 입장을 이해하는 데 큰 도움을 준다. 이렇게 집단상담의 지도자와 집단원의 경험은 효과적인 의사소통 기술을 연마하게 하고, 집단의 역동성을 이해하게 한다. 참고로 국방부에서 제시한 군 전문상담자로서의 상담경력 자격기준은, 개인상담의 경우

에는 50회기 이상의 상담경험이 있어야 하고, 집단상담의 경우에는 최소 24시간 이상 상담경험이 있어야 상담자로서의 자격을 인정한다.

제3절 윤리적 자질

어떤 한 사람이 다양한 상담 관련 자격을 취득하였다고 한다면 우리는 과연 그 사람을 상담전문가라고 인정할 수 있을 것인가? 전문적인 지식과 기술을 지니고 있고, 상담경험과 자격을 충분히 쌓았다 해도 윤리규준을 지키지 못하는 윤리적 자질이 없는 자라면 그는 상담전문가라고 할 수 없다. 상담전문가가 지녀야 할 윤리적 자질에 대해 살펴보기로 하겠다.

1. 기본적 요소

1) 윤리의식

상담의 윤리규준은 집단과정에서 이루어지는 모든 행위와 결정에 대한 해답을 제시하는 것이 아니다. 그렇기 때문에 집단지도자는 윤리적 가치와 정신을 근거로 삼아 자신만의 윤리적 행동기준을 만들어 지켜야 한다. 윤리의식이 높은 집단지도자가 된다는 것은 단순히 윤리강령이나 제도적 규범, 법을 준수한다는 의미만을 포함하는 것이 아니다. 사노사 개인 삶의 영역에서나 상담과 관련된 영역에서 높은 윤리의식을 유지하는 것이다.

2) 권리 존중

집단상담에 참여한 사람은 다양한 권리를 가질 수 있다. 그중에서도 알 권리와 선택할 수 있는 권리를 제공하는 것은 무엇보다 중요하다. 알 권리는 상담목적, 목표, 사용기법, 상담절차, 발생할 가능성이 있는 위험요소, 상담결과로 얻을 수 있는 이익 등에 대해 알 권리가 있다는 것을 의미한다. 선택할 권리는 상담을 참여할지 여부를 포함해 전문가를 선택할 수 있는 권리까지 포함된다. 그러나 군 집단상담은 비자발적인 참여가 많고, 군의 특수한 환경으로 인해 장병들의 선택권이 제한받을 가능성이 높다. 이러한 경우에 군 집단지도자는 선택권이 제한되는 것에 대해 충분히 설명해 줄 의무가 있다는 것을 잊지 말아야 한다.

3) 문화 존중

집단지도자는 집단원의 나이, 피부색, 문화적 배경, 장애 여부, 인종, 성, 종교, 성적 지향성, 결혼 여부, 사회경제적 지위, 인종적 정체성, 태도나 가치관, 신념 등을 기준으로 차별해서는 안 된다. 그리고 동성애 문제와 장애에 대한 배려가 부족한 점, 종교적 가치에 위배되는 문제 등에 대해서도 차별이 없도록 해야 하며 문화의 다양성을 존중해야 한다. 2014년을 기준으로 현재 우리 군에는 다문화가정 출신의 장병 1,000여 명이 입대해서 생활하고 있다. 2030년경에는 무려 10,000여 명에 이를 것으로 판단하고 있는데, 이러한 점을 고려하면 다문화장병에 대한 차별의식을 차단하고, 문화적 다양성을 존중하는 지도자의 윤리적 자질이 더욱 중요함을 알 수 있다.

4) 독립성 존중

집단지도자는 집단원이 지도자에게 의존하지 않도록 하는 것이 윤리적 행동임을 잊지 말아야 한다. 이등병과 같이 군 경험이 부족해 의존성이 있는 장병이거나 판단능력이 부족한 부적응 장병들은 일정 부분 지도자가 이끌어 주는 것이 바람직하다. 그렇지만 그 외의 장병들은 독립된 주체로 인정하여 스스로 문제를 해결할 수 있도록 해야 한다. 상담방식이나 진행과정에 있어서도 인간의 독립성 측면에서 스스로 선택할 수 있도록 존중되어야 한다(Corey & Corey, 1992).

2. 실제적 요소

1) 비자발적 참여

비자발적인 집단상담 참여는 주로 군에서 많이 이루어진다. 기본적으로 집단상담에 참여할 것인가 말 것인가에 대한 결정 권한은 집단원에게 있다. 자발적인 집단참여는 상담에 대한 동기와 직결되기 때문에 상담을 성공적으로 마치는 데에 큰 영향을 미친다. 그러나 비자발적 참여는 참여자의 선택권이 제한되기 때문에 집단참여의식이 저조하고 저항이 일어나기 쉬운 특징이 있다. 예를 들어, 군 집단상담에 비자발적으로 참여한 장병 중 일부는 집단상담 활동 자체를 일종의 편향된 이념교육으로 생각하여 상담을 회피하기도 한다. 이럴 경우를 대비하여 상담을 시작하기 전 오리엔테이션을 통해 비자발적인 집단참여에 대한 자신의 생각을 이야기할 수 있는 기회를 주는 것이 중요하다.

2) 비밀보장

집단상담 과정에서 오간 내용의 말은 반드시 비밀이 지켜져야 한다. 그러나 예외적인 경우도 있다. 자살이나 자해의 위험성이 있는 경우거나, 전염성이 강한 질병을 가지고 있는 경우와 같이 집단원이나 그 주변인에게 위험을 초래할 가능성이 있을 때이다. 그리고 법원의 명령이 있는 경우에도 비밀보장은 예외가 된다. 이때에는 비공개를 원칙으로 하되 정보를 공개할 경우에는 그 사실을 집단원에게 알리고 최소한의 정보만을 공개해야 한다. 군 집단상담은 같은 조직의 부대원들이 함께 참여하고 또한 수행하는 임무의 특수성으로 인해 비밀을 유지하기가 매우 어려운 것이 사실이다. 부대 전투력을 위해서는 상담결과가 지휘관에게 마땅히 보고되어야 하고 함께 공유될 필요가 있기 때문이다. 따라서 이렇게 비밀보장이 어렵게 되는 경우에는 장병에게 자세한 설명과 함께 사전 동의를 얻어야 한다.

3) 이중관계

이중관계는 집단지도자와 집단원 간 상담관계 이외의 다른 관계를 갖는 것을 의미한다. 채무관계나 사업관계 혹은 스승과 제자관계, 상·하급자 관계 등이 이중관계라고 할 수 있다. 군 집단상담의 경우에는 간혹 군 간부가 집단상담 지도자를 병행하여 상담을 진행하게 되는 경우가 있다. 이러한 경우에는 집단지도자와 집단원의 관계가 상·하급자 관계가 되어 은연중 집단원인 장병에게 영향력을 행사할 수 있다. 따라서 이러한 경우에는 영향력을 행사하지 않겠다는 서약서를 상담 시작 전 작성하는 조치가 필요하다.

4) 금전적 관계

사회에서 이루어지는 사설 상담의 비용은 사전에 고정된 금액을 제시하는 것이 원칙이다. 그러나 정해진 상담료가 집단원의 재정 상태에 비추어 적정 수준을 넘어가는 경우에는 지불 가능한 비용으로 상담서비스를 받도록 하는 것이 윤리적으로 바람직하다. 다행히 군에서는 상담료를 지불하지 않아도 되기 때문에 이 부분에 대해서는 대체로 자유롭다고 할 수 있다. 군 집단지도자와 집단원인 장병 간에는 어떠한 금전적인 관계나 채무관계가 이루어져서는 안 된다. 어떠한 작은 물질적 거래관계를 맺는 것도 윤리규정을 위반하는 것이 된다.

5) 성(性)적 관계

2005년부터 전문상담제도를 도입한 군에서는 지금까지 상담자와 내담자 간 성적인 문제가 발생하지 않았다. 성적인 문제는 매우 민감하면서도 잘 다루어야 하는 과제라서 윤리규정에서 깊이 다루어야 한다. 상담자는 어떠한 이유로든 그리고 어떤 형태로든 현재 상담 진행 중에 있는 내담자와 성적인 관계를 맺지 않아야 한다. 아울러 성적인 관계를 맺었던 사람과 상담을 하는 것도 비윤리적인 행위이며, 상담이 종결된 후에라도 성적으로 친밀한 관계를 맺지 않는 것이 윤리적인 상담자라고 할 수 있다.

① 상담에 관한 이론적 지식과 전문적 기술을 지녔다고 해서 집단지도자로서 필요한 모든 자질을 갖춘 것은 아니다. 성공적인 집단상담은 지도자의 인간적 자질이 크게 작용한다. 많은 학자들은 효과적인 상담을 위하여 지도자가 지녀야 할 여러 인간적인 특징에 관하여 언급하고 있다. 군 집단지도자가 갖추어야 할 기본적인 자질은 인간 이해와 정서적 성숙, 창의적인 태도, 인내와 끈기 등이며, 인간적 자질에는 진실한 태도와 존중하는 마음, 공감적 이해, 심리적 안정, 반응의 민감성 등을 갖추어야 한다. 리더십 자질은 진정한 용기, 소통, 화합, 웃음과 유머 등이 필요하다.

② 집단지도자의 전문적 자질은 상담을 성공적으로 이끌어 가는 데 중요한 요인으로 작용한다. 전문성이 부족한 지도자가 집단을 지도하게 되면 소경이 소경을 이끌고 가는 식의 엉터리 상담이 진행될 가능성이 높다. 집단지도자의 전문적 자질에는 기본적 자질과 경험적 자질로 구분할 수 있는데, 기본적 자질에는 상담이론을 이해하고 상담과정을 효율적으로 진행하는 방법과 절차를 잘 알고 있어야 한다. 경험적 자질에는 상담이론과 지식을 바탕으로 충분한 상담실습 경험을 쌓고, 전문가로부터 지도를 받아 상담 역량을 갖추는 것이다.

③ 집단지도자의 윤리적 자질은 개인적인 영역과 직업영역에서 동시에 높은 수준이 요구된다. 집단지도자는 집단원의 나이, 피부색, 문화적 배경, 장애 여부, 인종, 성, 종교, 성적인 경향, 결혼 여부, 사회경제적 지위, 인종적 정체성, 태도나 가치관, 신념 등을 차별해서는 안 된다. 아울러 집단원의 사생활이 보호되고, 불법적인 정보유출을 피할 수 있는 권리가 존중되어야 한다. 상담이 진행 중인 집단원과는 성적인 관계를 맺지 말아야 하며, 금전관계나 채무관계 등도 맺지 않는 것이 바람직한 상담자의 윤리적 자질이다.

Military Group Counseling

PART 2

군 집단상담 프로그램

 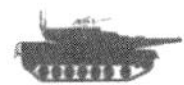

긍정심리 집단상담 프로그램의 회기별 내용

구분	중점	세부내용
1회기	즐거운 만남	• 닉 부이치치 영상 보기 • 긍정적 자기소개하기
2회기	성격 강점 찾기와 활용하기	• 나의 대표 강점 알아보기 • 강점을 행동으로 옮기는 방법 실천하기 • 의미 있는 군 생활 유도하기
3회기	미소와 긍정대화 배우기	• 진정한 나의 미소 만들어 보기 • 긍정대화법 배우기와 실천하기
4회기	감사편지 쓰기	• 자신의 인생에서 영향을 준 사람 떠올리기 • 감사의 대상을 찾고 감사편지 쓰기 • 감사일기 쓰기
5회기	미래를 향하여	• 솔개 동영상 감상하기 • 나의 변화된 모습 찾기, 미래의 꿈과 희망 찾기 • 소감 나누기

[1회기: 즐거운 만남]

목표	• 프로그램 구조화와 집단분위기를 안정되게 조성한다. • 집단에 참여한 장병 상호 간 유대감을 형성한다.

활동과정	진행내용	소요시간	준비물
도입	• 지도자와 참여 장병을 소개한다. • 서약서를 작성하고 프로그램을 설명한다.	10분	워크북 ☞ 1-①
전개	• 힘께 지길 약속 정하기 - 집단에 대한 기대 나누기 - 프로그램을 진행하는 동안 지켜야 할 규정 알려 주기 • 별칭을 작성하고 소개하기 - 자신을 자신이 직접 워크북을 활용하여 소개해도 좋고, 자기 짝을 친구들에게 소개하는 형식도 무방하다.	30분	펜

	• 닉 부이치치 동영상 시청 • 영상을 보고 느낀 점을 작성한 후 돌아가며 발표한다. (조용한 음악을 틀어 주거나 충분한 시간을 준다) • 나를 표현하기를 발표한다. - 지도자가 먼저 시범을 보인다. - 발표자를 격려하고 지지하며, 공감하는 분위기가 되도록 이끈다.	30분	워크북 ☞ 1-② 워크북 ☞ 1-③
과제부여	• 자신의 긍정적인 강점을 생각하고 다음 회기에 참석한다.	20분	
마무리	• 오늘 프로그램에 대한 짧은 소감 나누기		

☞ 워크북 | 1-① 서약서 작성하기

서 약 서

우리의 만남은 긍정심리 집단상담 프로그램을 통하여 새로운 변화와 발전을 목표로 만들어진 모임입니다. 우리는 이곳에서 한층 더 당당해지고 멋있어진 자신의 모습과 전우들의 모습을 보게 될 것입니다. 자신과 전우들의 모습을 알아 가면서 기쁠 수도 있겠지만 때로는 전우에게 실망하고 화가 나는 일도 생길 수 있습니다. 그러나 이 모임을 통해 더 나은 자신의 모습과 새로운 가능성을 만나게 될 것입니다. 보람 있고 즐거운 만남이 되기 위해 서로를 존중하는 우리의 약속을 정해 봅시다.

1. 내 마음에 있는 생각이나 느낌을 솔직하게 표현한다.
2. 전우들이 하는 말을 비판이나 편견 없이 있는 그대로 듣는다.
3. 여기서 나눈 이야기는 절대로 밖에서 말하지 않는다.
4. 전우가 이야기할 때에는 끼어들거나 방해하지 않고 잘 듣는다.
5. 집단모임 시간을 잘 지키고 성실히 집단활동에 참여한다.
6. 개인에게 부과된 과제는 성실히 수행한다.

_____년 ___월 ___일

이름: ____________ 서명: ____________

☞ 워크북 | 1-② 동영상을 보고 느낀 점 발표하기

▸ 느낀 점

▸ 내가 생각하는 행복이란?

☞ 워크북 | 1-③ 나를 표현하기

▸ 부대에서 나는 어떤 존재인지 생각해 보고, 자신을 무엇으로 상징할 수 있는지 정의하고, 그 이유를 설명해 봄으로써 자신감을 향상시킨다.

나는 ______________________________ 다.

예시) 나는 실타래다.

나는 지금은 엉킨 실타래처럼 고민과 걱정으로 꽁꽁 묶여 있지만 , 한 올, 한 올 뜨개질을 하다 보면 언젠가는 훌륭한 작품으로 변할 것이다.

[2회기: 성격 강점 찾기와 활용하기]

목표	• 성격 강점 검사를 통하여 자신의 강점에 대해 알아본다. • 대표 강점을 활용했던 경험을 탐색하고 강화한다.

활동과정	진행내용	소요 시간	준비물
도입	• 지난 시간 새로운 변화에 대해 이야기를 나눠 본다. • 강점검사 프로그램을 설명한다.	5분	
전개	• 성격 강점 검사를 실시한다. - 마틴 셀리그먼의 긍정심리학에서 발췌된 '대표강점 찾기' 설문지를 활용한다. • 참여자들에게 설문지를 배부하여 작성하게 하고, 자신의 대표강점 순위를 알아본다.	30분	워크북 ☞ 2-①
	• 자신의 강점을 돌아가며 이야기한다. - 참여자 전원이 돌아가며 얘기하는 것이 좋다.	20분	워크북 ☞ 2-②
	• 나의 강점을 강화할 수 있는 방법에 대해 알아본다. - 나의 대표 강점을 활용했던 경험에 대해 알아본다. - 강점을 활용할 수 있는 방안에 대해 알아본다. • 나의 강점 강화 방법에 대해 이야기를 나눈다.	25분	워크북 ☞ 2-②
과제부여	• 자신의 강점 행동을 3가지 실천하기		
마무리	• 회기를 마친 후 느낌을 얘기한다.	10분	

NOTE

☞ 워크북 | 2-① 나의 성격 강점 찾기

내가 가지고 있는 강점과 덕목은 무엇인지 알아봅시다. 문항을 읽고 '매우 그렇다'에서 '전혀 그렇지 않다'에 이르기까지 해당하는 정도의 칸에 ○표를 합니다.

강점의 영역과 의미		매우 그렇다	그렇다	보통이다	그렇지 않다	전혀 그렇지 않다	소계	평균	미덕
1 호기심	1) 언제나 세상에 대해 호기심이 많다.	5	4	3	2	1			지혜와 지식
	2) 쉽게 싫증을 낸다.	1	2	3	4	5			
2 학구열	1) 새로운 것을 배울 때 전율을 느낀다.	5	4	3	2	1			
	2) 박물관이나 다른 교육적 장소에 한 번도 가 본 적이 없다.	1	2	3	4	5			
3 판단력	1) 판단력이 필요할 때면 아주 이성적으로 사고한다.	5	4	3	2	1			
	2) 성급하게 판단하는 경향이 있다.	1	2	3	4	5			
4 창의성	1) 어떤 일을 하는 데 새로운 방법을 찾는 걸 좋아한다.	5	4	3	2	1			
	2) 내 친구들은 대부분 나보다 상상력이 뛰어나다.	1	2	3	4	5			
5 사회성 지능	1) 어떤 성격의 단체에 가도 잘 적응할 수 있다.	5	4	3	2	1			
	2) 다른 사람들의 감정에 아주 둔하다.	1	2	3	4	5			
6 예견력	1) 항상 꼼꼼히 생각하고 더 큰 것을 볼 줄 안다.	5	4	3	2	1			
	2) 내게 조언을 구하러 오는 사람은 거의 없다.	1	2	3	4	5			
7 호연지기	1) 강력한 반대도 무릅쓰고 내 주장을 고수할 때가 많다.	5	4	3	2	1			용기
	2) 고통과 좌절로 내 의지를 굽힐 때가 많다.	1	2	3	4	5			

8 끈기	1) 한번 시작한 일을 끝까지 해낸다.	5	4	3	2	1			
	2) 일을 할 때면 딴전을 피운다.	1	2	3	4	5			
9 지조	1) 약속을 반드시 지킨다.	5	4	3	2	1			
	2) 친구들은 내게 솔직하게 말하는 법이 없다.	1	2	3	4	5			
10 친절	1) 자발적으로 이웃을 도와준다.	5	4	3	2	1			사랑과 인간애
	2) 다른 사람들의 행운을 내 일처럼 좋아한 적이 거의 없다.	1	2	3	4	5			
11 사랑	1) 본인의 기분과 행복 못지않게 내 기분과 행복에 관심을 기울이는 사람이 있다.	5	4	3	2	1			
	2) 다른 사람들이 베푸는 사랑을 제대로 받아들이지 못한다.	1	2	3	4	5			
12 시민정신	1) 어떤 단체에 가입하면 최선을 다한다.	5	4	3	2	1			정의감
	2) 소속 집단의 이익을 위해 내 개인적인 이익을 희생시킬 생각은 없다.	1	2	3	4	5			
13 공정성	1) 어떤 사람에게든 똑같이 대한다.	5	4	3	2	1			
	2) 내가 싫어하는 사람을 공정하게 대하기가 힘들다.	1	2	3	4	5			
14 지도력	1) 일일이 참견하지 않고도 사람들이 단합해 일하도록 이끌어 준다.	5	4	3	2	1			
	2) 단체 활동을 조직하는 데 소질이 없다.	1	2	3	4	5			
15 자기통제력	1) 내 정서를 다스릴 줄 안다.	5	4	3	2	1			절제력
	2) 다이어트를 오래 하지 못한다.	1	2	3	4	5			
16 신중성	1) 다칠 위험이 있는 일은 하지 않는다.	5	4	3	2	1			
	2) 나쁜 친구를 사귀거나 나쁜 사람들을 만나는 경우가 있다.	1	2	3	4	5			
17 겸손	1) 다른 사람들이 나를 칭찬할 때면 슬그머니 화제를 돌린다.	5	4	3	2	1			
	2) 스스로 한 일을 추켜세우는 편이다.	1	2	3	4	5			

18 감상력	1) 음악, 미술, 연극, 영화, 스포츠, 과학, 수학의 아름다움과 경외감을 보고 전율한 적이 있다.	5	4	3	2	1			초월성
	2) 평소에 아름다움과는 전혀 무관하게 지낸다.	1	2	3	4	5			
19 감사	1) 아무리 하찮은 일이라도 항상 고맙다고 말한다.	5	4	3	2	1			
	2) 내가 받은 은혜에 대해 거의 생각하지 않는다.	1	2	3	4	5			
20 낙관주의	1) 항상 긍정적인 면만 본다.	5	4	3	2	1			
	2) 내가 하고 싶은 일을 하기 위해 철저하게 계획한 적이 거의 없다.	1	2	3	4	5			
21 영성	1) 삶의 목적이 뚜렷하다.	5	4	3	2	1			
	2) 사명감이 없다.	1	2	3	4	5			
22 용서	1) 과거의 것을 문제 삼지 않는다.	5	4	3	2	1			
	2) 기어코 복수하려 애쓴다.	1	2	3	4	5			
23 유머감각	1) 되도록 일과 놀이를 잘 배합한다.	5	4	3	2	1			
	2) 우스운 얘기를 거의 할 줄 모른다.	1	2	3	4	5			
24 열정	1) 무슨 일을 하든지 전력투구한다.	5	4	3	2	1			
	2) 의기소침할 때가 많다.	1	2	3	4	5			

[채점방법]

생각하는 숫자에 표시한 뒤 1)과 2)의 점수를 더하여 소계 칸에 기록한다.

1번 ~ 6번까지 더한 점수 ÷ 6 = 평균점수 = 지혜와 지식 점수

7번 ~ 9번까지 더한 점수 : 3 = 평균점수 = 용기 점수

10번 ~ 11번까지 더한 점수 ÷ 2 = 평균점수 = 사랑과 인간애 점수

12번 ~ 14번까지 더한 점수 ÷ 3 = 평균점수 = 정의감 점수

15번 ~ 17번까지 더한 점수 ÷ 3 = 평균점수 = 절제력 점수

18번 ~ 24번까지 더한 점수 ÷7 = 평균점수 = 초월성 점수

☞ 워크북 | 2-② 나의 대표 강점 5가지 발표

영역	내용
나의 강점들 (평균 9~10점을 받은 강점)	
나의 대표 강점 5가지 (상위 5가지 강점)	

☞ 워크북 | 2-③ 나의 대표 강점 활용 방법

대표 강점을 활용했던 경험이나 앞으로 활용할 수 있는 방안을 3가지 이상 적어 봅시다.

[1] 대표 강점 1: [2] 활용했던 경험: [3] 앞으로 활용 방안:
[1] 대표 강점 2: [2] 활용했던 경험: [3] 앞으로 활용 방안:
[1] 대표 강점 3: [2] 활용했던 경험: [3] 앞으로 활용 방안:

[3회기: 미소와 긍정대화 배우기]

목표	• 진정으로 행복한 미소를 배워 본다. • 긍정대화법을 배워 본다.

활동과정	진행내용	소요시간	준비물
도입	• 지난 시간 과제에 대해 이야기를 나눈다. • 프로그램에 대한 소개를 한다.	5분	
전개	• 진정한 미소를 알아보고 이를 만들어 본다. • 거짓 미소와 진짜 미소를 비교해 본다. - 뒤센 미소와 팬암 미소에 대한 소개 - 서로 어떻게 다른지 느낌 나누기 - 지도자가 시연을 해 보이고 두 명씩 짝을 지어 마주 보고 두 가지 미소에 대해 연습해 본다. - 두 명씩 연습을 한 후 전체 집단 앞에서 돌아가면서 시연 후 피드백을 받는다. ex) 볼펜을 가로로 물고 TV를 시청 할 경우와 볼펜 꼭지를 물고 TV를 시청할 경우에 재미를 느끼는 정도에 차이가 있다 - 뒤센 미소의 여러 가지 연구들에 대한 안내(졸업사진, 수녀들의 자필 소개서 등) - "누군가에게 미소를 짓는 것은 사랑을 보내는 것이며, 선물을 보내는 것이요, 아름다운 대화를 하는 것이다"(마더 데레사)	30분	워크북 ☞ 3-①
	• 긍정대화법에 대해서 배워본다. - 세 가지의 대화 법칙 - 긍정 대화법 연습하기	30분	워크북 ☞ 3-②
과제부여	• 하루에 한 번 이상 긍정 대화와 미소를 지어 본다.		
마무리	• 회기를 마친 후 느낌을 이야기한다.	10분	

NOTE

☞ 워크북 | 3-① 뒤센 미소가 인생을 바꾼다

1960년대에 캘리포니아의 버클리대학교에서 두 명의 심리학 박사들이 재미있는 실험을 합니다. 여학교에서 졸업생 140명을 대상으로 30년 동안 종단 연구를 했는데요. 사진을 찍을 때 진짜 미소로 웃음을 지었던 사람과 가짜 미소를 지었던 사람을 추적했는데 놀라운 결과가 나옵니다. 진짜 미소를 지었던 사람들의 인생에 행복, 만족, 성공, 건강까지 모든 것이 월등하게 높은 수준으로 나타났던 것이지요. 이것을 연구했던 사람이 바로 뒤센 박사인데요, 그는 눈 주위의 근육을 연구했던 사람입니다.

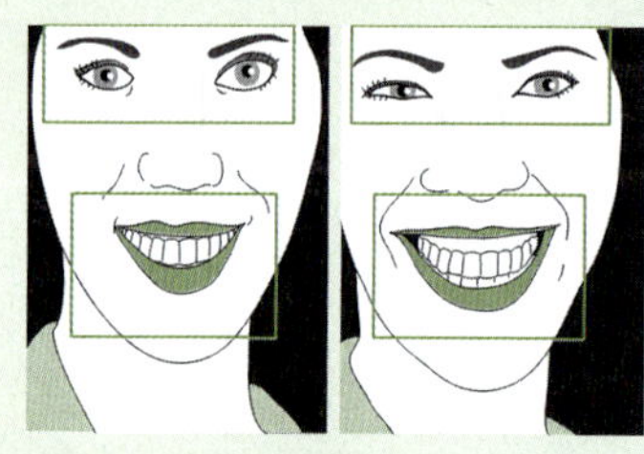

우리가 사진을 찍을 때는 보통 '김치~' 하고 미소를 지어 보이지만 진짜 웃음은 입꼬리가 올라가고, 눈 주위가 움직여지게 되는데 이것이 바로 뒤센 미소라는 겁니다. 뒤센 미소를 짓는 사람들은 그 삶 속에서 대단히 큰 에너지와 긍정을 나오게 하는데 진짜 웃을 때는 얼굴이 펴지면서 눈 주위까지 웃게 된다는 겁니다. 앞서 이야기했던 것처럼 뒤센 미소는 입꼬리가 올라가고 눈 주위에 주름이 잡혀지면서 웃는 것입니다.

오늘 이 시간에 여러분들에게 쉽고 크게 웃을 수 있는 멋진 방법을 하나 말씀드리겠습니다. 손가락을 펴서 입술에 무는 시늉을 한번 해보세요. 이렇게만 하더라도 얼굴 눈 주위의 주름이 잡혀집니다.

또 하나는 손뼉을 치면서 크게 웃는 운동을 해보는 겁니다. 저를 한번 따라 해보세요. 짝짝짝~~ 하하하~~ 손바닥을 부딪치는 것만으로도 혈액 순환에 도움이 될 수 있다는 것인데, 웃으면서까지 하면 더 효과적이겠죠. 지금 이 방법은 뒤센 미소를 지을 수 있는 가장 좋은 방법입니다. 여러분 삶 속에서 순간순간마다 얼굴 전체를 펴주게 되고 눈 주위까지 웃는다면 여러분의 삶 속에 인생까지 펴질 거라고 확신합니다. 웃으면 복이 오기 때문이죠. 여러분 함께 손뼉 치고 하하하하 웃어 봅시다.

NOTE

☞ 워크북 | 3-② 긍정대화법 배우기

▸ 세 가지 대화법칙

1. 대화는 "너"가 아니라 "나"로 시작한다.
2. 대화는 불만이 아니라 소망을 표현한다.
3. 긍정적인 감정 단어를 사용한다.

▸ 긍정 대화법의 예

불만: 너는 왜 늘 그러니?

소망: 나는 네가 다음부터는 이렇게 해주었으면 좋겠어.

불만: 너는 왜 툭하면 짜증 내고 화를 내니?

소망: 나는 네가 조금은 다정하게 말해 주었으면 고맙겠어!

불만: 너는 왜 이렇게 게으르냐?

소망: 나는 네가 조금만 더 성실하게 생활해 주면 무척 기쁠 것 같아.

☞ 워크북 | 3-③ 긍정대화법 실천하기

1. 일하는데 동료가 소란스럽게 하여 통 집중이 안 된다.
2. 선임이 계속 나를 가지고 장난치고 놀린다. 지나친 것 같아 불쾌하다.
3. 하급자가 내 말을 잘 안 듣고 회피한다.
4. 간부가 많은 전우들 앞에서 나를 공개적으로 무시한다.
5. 선임 병사가 내 금융카드를 빌려 달라고 한다.
6. 툭하면 욕을 하는 간부가 있어 정말 화가 난다.
7. 자유시간을 이용해서 세탁을 하려 했는데 집합하라 해서 짜증 난다.
8. 휴일도 없이 작업을 시켜 정말 미치겠다.
9. 휴가 일정이 또 미루어져 열심히 하고 싶은 마음이 사라져 버렸다.

NOTE

[4회기: 감사편지 쓰기]

목표	• 감사의 유익과 감사를 많이 느끼는 사람들의 특징을 알아본다. • 나와 타인에 대한 감사한 일들을 찾아 감사편지를 써본다. • 감사일기를 작성하여 매일매일 감사하는 습관을 기른다.

활동과정	진행내용	소요 시간	준비물
도입	• 지난주 과제에 대해서 이야기를 나눈다. • 지난주 긍정적인 변화가 있었다면 이야기를 나눈다. • 프로그램에 대한 소개를 한다.	5분	편지지 펜
전개	• 감사하는 방법에 대해 강의한다.	5분	워크북 ☞ 4-①
	• 평소 감사한 일을 찾아 적어 본다. • 감사한 일을 돌아가며 발표하고 공감한다.	30분	워크북 ☞ 4-②
	• 감사편지를 써 본다. - 내 주위에 있는 소중한 사람에게 감사편지를 써 보고 그들에 대한 감사한 마음을 가져 본다. - 그들에게 어떤 도움을 받았는지, 그 도움으로 인해 어떻게 어려움을 극복하거나 힘을 얻었는지, 어떻게 변화되었는지 등을 써 본다. • 희망자로 하여금 감사편지를 읽어 본다. • 감사하는 마음을 이해하고 공감한다. • 집단원들이 받은 느낌에 대해 피드백을 제공한다.	40분	워크북 ☞ 4-③
과제부여	• 매일 감사한 일 3가지 이상에 대해 일기를 써 보기		
마무리	• 프로그램에 대한 평가를 하고 마무리한다.	10분	

NOTE

☞ 워크북 | 4-① 감사하는 방법 강의

감사가 행복을 증진시키는 이유!

1. 감사하게 생각하면 삶의 긍정적인 경험들을 더욱 음미할 수 있다.
2. 감사를 표현하면 자기의 가치와 자존감이 강화된다.
3. 감사는 스트레스나 정신적 외상에 대처하는 데 도움이 된다.
4. 감사의 표현은 도덕적인 행동을 촉진한다.
5. 감사는 사회적 유대를 쌓고 기존의 관계를 강화하고 새로운 관계를 맺는 데 도움을 준다.
6. 감사를 표현하면 다른 사람과의 비교를 억제하는 경향이 나타난다.
7. 감사는 분노, 비통함이나 탐욕과 같은 감정을 억제하거나 감소시켜 준다.

감사하는 방법!

1. 현재 가진 것에 감사한다.
   - 현재 내가 가지고 있는 것, 누리고 있는 것이 무엇인지 찾아본다.
   - 우리가 현재 가진 것에 집중해야 함을 아는 것이 바로 만족(감사)의 시작이다.
   - 참된 만족은 우리가 기본적으로 필요한 것을 갖고 있는 것에 만족하는 것이다.
   - 계속해서 더 많은 것을 갖기를 원한다면, 다른 사람에게 감사할 수 없다.
   - 위대한 사람은 자신이 가진 것에 감사하지만, 불평하는 사람은 만족하지 못한다.
2. 현재는 없지만 미래에 가질 것을 소망하고 감사한다.
   - 현재는 없지만 미래에 가지고 싶은 것이 무엇인지 찾아본다.
     (예: 취업, 결혼, 성공, 가치 있는 목적 등)
   - 우리가 직면한 어려움이 미래의 성숙한 나로 만들게 되므로 유익한 것으로 볼 수 있다.
3. 과거에 가졌던 것이지만 현재는 잃어버린 것이나 고통에도 감사한다.
   - 모든 문제에는 긍정적인 의도가 숨어 있다
   - 지극히 작은 것의 소중함을 깨닫는다.
   - 감사의 시각을 가지고 있으면, 우리가 당하는 고통과 어려움까지도 긍정적으로 보게 된다.
   - 감사의 마음은 고통스럽고 힘든 상황에서도 긍정적인 측면을 찾아낼 수 있다.
   - 어려움 중에도 감사하는 것은 우리 자신이 선택하는 것이다.

☞ 워크북 | 4-② 감사한 일 찾아 기록하기

구분	감사한 일
1	
2	
3	
4	
5	
6	
7	
8	
9	
10	
11	
12	

☞ 워크북 | 4-③ 감사편지 쓰기

가족이나 친구 등 내 주변의 사람으로 부터 감사한 한 일이 있었으나 미처 표현하지 못했었다면 한 명을 정해서 약 10줄 내외 분량으로 감사편지를 작성해 보세요.

나의 소중한 (   )에게!

[5회기: 미래를 향하여]

목표	• 변화된 모습 찾아본다. • 미래에 대한 꿈과 희망을 찾아본다.

활동과정	진행내용	소요 시간	준비물
도입	• 지난 시간 과제에 대해 이야기를 나눈다. • 프로그램을 소개한다.	5분	
전개	• 솔개 동영상을 감상하고 느낌을 나눈다. • 변화하고 싶은 내 모습 찾아보기 - 나의 어떤 점을 바꾸고 싶은지? 그 이유는? • 나에게 일어난 변화를 찾아 적어 보기 - 작은 변화일지라도 어떤 변화가 있었는지 혹은 어떤 변화가 기대되는지 작성하고 서로 소개하기 • 전우에게 일어난 변화에 대해 칭찬하기 - 아주 작은 변화라도 적극적으로 지지해 주기	40분	솔개 동영상 워크북 5-①
	• 미래의 꿈과 희망 목록 20가지를 작성해 본다. - 가능한 한 빠르게 적는다. - 완전한 문장으로 적을 필요는 없다. - 논리적이지 못해도 괜찮다. - 그냥 적어 간다. • 희망 목록 작성 후 집단구성원 전체와 나눠 본다. - 동료 전우의 발표를 들으면서 함께 공감한다. - 격려하고 지지한다.	40분	워크북 5-②
과제부여	• 꿈과 희망 목록을 달성하기 위해 실천한다.		
마무리	• 소감을 나누고 마지막 회기를 마무리한다.	10분	

NOTE

☞ 워크북 | 5-① 변화하고 싶은 내 모습 찾아보기

동영상을 보고 느낀 점	
변화하고 싶은 내 모습	
나에게 일어난 변화	
친구에게 일어난 변화 칭찬할 점	

☞ 워크북 | 5-② 미래의 꿈과 희망 목록

구분	미래의 꿈과 희망
1	
2	
3	
4	
5	
6	
7	
8	
9	
10	
11	
12	
13	
14	
15	
16	
17	
18	
19	
20	

CHAPTER
2

대인관계 향상 집단상담 프로그램

군 장병들은 입대기간 동안 다양한 성격을 지닌 동료 및 간부들과 동고동락을 함께하며 생활한다. 이에 따라 군 조직에서의 대인관계능력은 장병 개인의 군 생활 적응과 함께 군 복무 효율성과 사기를 증진하는 데 매우 중요한 요인으로 작용한다. 군 구성원들 간 대인관계 향상을 위해서는 해결중심기법을 이용한 집단상담 프로그램을 고려해 볼 수 있다. 그 이유는 군 장병들의 짧은 21개월 복무기간을 고려해 볼 때 신속하고 단기적인 프로그램이 요구되기 때문이다.

이러한 점을 고려하여 군 장병의 대인관계 향상 집단상담 프로그램은 해결중심 프로그램으로 제안해 보고자 한다. 일반 사회인이나 대학생들의 대인관계능력 향상을 위한 해결중심 집단상담 프로그램 연구는 많이 이루어졌으나, 군 장병들을 대상으로 한 연구는 아직까지 미미한 수준이다. 따라서 본 프로그램은 대학생들을 대상으로 한 박선하(2017)의 집단상담 프로그램을 일부 수정하여 군 상황에 맞게 재구성하였다.

대인관계 향상 집단상담 프로그램의 회기별 내용

구분	중점	세부내용
1회기	프로그램 소개와 동기부여	프로그램을 소개하고 집단상담 활동에 대한 동기를 부여한다.
2회기	나와 타인의 감정 이해	나와 다른 사람들의 느낌과 감정을 민감하게 알아차리고 공감하는 능력을 기른다.
3회기	대인관계 만족감 증진하기	대인관계 시 편안함과 즐거움을 느끼고 나의 강점을 찾는다.
4회기	의사소통 능력 향상	다른 사람들과의 효과적인 의사소통으로 문제해결력을 증진시킨다.
5회기	표현 능력 함양 및 마무리	타인에 대한 의견을 잘 표현하고 변화된 자기 모습을 확인한다.

[1회기: 프로그램 소개와 동기부여]

목표	• 집단상담에 대한 소개를 통해 프로그램의 의미를 이해한다. • 대인관계 증진을 위한 실천 가능한 목표를 세운다.

활동과정	진행내용	소요시간	준비물
도입	• 집단지도자와 집단원 소개를 한다. • 프로그램을 설명하고 집단원의 동기의식을 고취시킨다.	5분	명찰 필기도구
개관	• 프로그램의 목적, 일정, 유의사항에 대하여 안내한다. • 서약서를 작성한다.	10분	워크북 ☞ 1-①
전개	• 집단원 별칭을 짓고 소개하는 시간을 가진다. - 자신을 소개하고 애칭을 얘기한다. - 프로그램에 대한 기대를 나눈다. - 다른 참여자들의 애칭을 불러 주며 박수로 환영한다.	15분	
	• 내가 원하는 변화는 무엇인지 목표를 세운다. - 대인관계 시 가장 바뀌고 싶은 부분에 대해 기록한다. - 집단이 끝나면 어떻게 변화하고 싶은지 기록한다.	20분	워크북 ☞ 1-②

	• 현재 지각하는 자신의 위치는 어디인지 알아본다. - 기록지에 현재 내게 가깝다고 생각하는 위치를 기록한 다음 달성하고 싶은 위치를 기록한다.	20분	워크북 ☞ 1-③
	• 집단원 간 변화목표와 위치를 발표하고 피드백한다. - 목표와 위치를 정한 이유에 대해 각자 이야기한다. - 발표 후 집단원과 의견 및 소감을 나눈다.	30분	
마무리	• 다음 회기 목표 및 활동주제에 대하여 설명하고, 과제를 부여한다(다음 회기 활동주제에 대해 생각해 오기).	5분	
	• 회기를 마친 후 느낌에 대해 공유하고 정리한다.	10분	

☞ 워크북 1-① 서약서 작성하기

서 약 서

우리의 만남은 대인관계 향상 집단상담 프로그램을 통하여 새로운 변화와 발전을 목표로 만들어진 모임입니다. 우리는 이곳에서 한층 더 당당해지고 멋있어진 자신의 모습과 전우들의 모습을 보게 될 것입니다. 자신과 전우들의 모습을 알아가면서 기쁠 수도 있겠지만 때로는 전우에게 실망하고 화가 나는 일도 생길 수 있습니다. 그러나 이 모임을 통해 더 나은 자신의 모습과 새로운 가능성을 만나게 될 것입니다. 보람 있고 즐거운 만남이 되기 위해 서로를 존중하는 우리의 약속을 정해 봅시다.

1. 내 마음에 있는 생각이나 느낌을 솔직하게 표현한다.
2. 전우들이 하는 말을 비판이나 편견 없이 있는 그대로 듣는다.
3. 여기서 나눈 이야기는 절대로 밖에서 말하지 않는다.
4. 전우가 이야기할 때에는 끼어들거나 방해하지 않고 잘 듣는다.
5. 집단모임 시간을 잘 지키고 성실히 집단활동에 참여한다.
6. 개인에게 부과된 과제는 성실히 수행한다.

_____년 ___월 ___일

이름: ____________ 서명: ____________

☞ 워크북 | 1-② 내가 원하는 변화는?

1. 나에게 중요한 것! 작고 분명한 변화! 구체적이고 행동적인 것! 생활에서 실천 가능한 행동! 최종적 결과보다 지금 시작할 수 있는 것! 5가지를 고려하여 집단상담이 끝났을 때 내가 원하는 변화를 적어 보세요. 어떤 변화가 있으면 이 프로그램에 참여하기를 잘 했다고 생각할까요?

2. 내가 원하는 변화(목표)를 나타낼 수 있는 별칭은?

☞ 워크북 | 1-③ 지금 나의 위치는?

1. 내가 원하는 모습과 가장 거리가 멀고 힘든 상황일 때를 1점, 내가 원하는 모습을 이루고 문제가 해결되었을 때를 10점이라고 한다면 현재 나는 몇 점일까요?

10점					
9점					
8점					
7점					
6점					
5점					
4점					
3점					
2점					
1점					
점수 / 회기	1회	2회	3회	4회	5회

2. 집단상담이 끝났을 때 내가 원하는 목표의 점수는? ________점

[2회기: 나와 타인에 대한 감정 이해]

목표	• 나와 다른 사람의 느낌과 욕구를 민감하게 알아차린다. • 다른 사람을 잘 공감한다. • 내가 원하는 느낌과 원하는 것을 자유롭게 표현한다.

활동과정	진행내용	소요 시간	준비물
도입	• 지난 시간 과제에 대해 이야기를 나눈다. • 프로그램을 설명한다.	5분	필기구
전개	• 현재의 나의 모습을 알아본다. - 대인관계에서 변화된 점이 있다면 말해 본다.	20분	워크북 ☞ 2-①
	• 느낌과 원하는 것을 알아본다. - 대인관계 경험에서의 느낌과 원하는 것을 적는다. - 한 사람씩 상황을 말하면, 다른 집단원은 그 사람의 느낌과 원하는 것을 추측하고 비교해 본다. - 집단원별로 추측한 것과 비교한 내용을 말해 보고, 어떻게 다른 사람의 느낌을 알 수 있었는지, 어떻게 활용할 수 있을지 이야기 나눈다.	30분	워크북 ☞ 2-②
	• 공감 경험 나누기 - 다른 사람에게 공감해 줬던 경험을 떠올려 본다. - 나의 공감 반응과 기술, 자원을 적어 보고 발표한다.	30분	워크북 ☞ 2-③
	• 공감 역할극하기 - 공감받는 사람, 공감하는 사람, 보는 사람에 대해 3가지 역할로 분담하여 공감 역할극을 실시한다. - 좋은 공감 반응을 적어 보고 활용방안을 생각해 본다.		
마무리	• 경험 보고서를 통해 활동을 마친 소감, 새롭게 알게 된 점, 변화된 점에 대해 기록한다.	5분	워크북 ☞ 2-④
	• 회기를 마친 후 느낌에 대해 공유하고 정리한다.	10분	

NOTE

☞ 워크북 | 2-① 현재 나의 모습은?

나의 대인관계에서 어떤 작은 변화가 있었나요? 지난 회기와 비교하여 조금이라도 더 좋아진 점이 있다면 그것은 무엇인가요?

☞ 워크북 | 2-② 느낌과 원하는 것

1. 오늘 주제와 관련하여 이번 시간 끝나기 전에 이루고 싶은 작은 변화(목표)는?
   최근 나에게 인상 깊었던 대인관계 경험을 떠올리고, 그 상황과 당시 나의 느낌, 내가 원하는 것은 무엇이었는지 적어 보세요.

상황	누가: 언제: 어디서: 무엇을: 어떻게?	나의 느낌	
		내가 원하는 것	

2. 다른 사람의 대인관계 경험을 상황(일어난 사실)만 듣고 그 사람의 느낌과 원하는 것을 추측해 보세요. 어떻게 상황만 듣고도 추측할 수 있었나요?

☞ 워크북 | 2-③ 공감 경험 나누기

1. 다른 사람에게 공감해 줬던 경험 나누기

- 잘 생각해 보면 내가 다른 사람에게 공감해 줬던 경험이 분명히 있을 것입니다. 조금이라도 상대방이 나에게 공감받았다고 느꼈을 때를 떠올려 보세요.
- 나는 언제, 어디서, 누구에게, 어떻게 공감해 줬나요?
- 당신은 어떻게 그렇게 공감해 줄 수 있었나요? 그때 나의 말이나 행동, 태도는?

2. 위에서 찾은 나의 공감 기술 또는 자원을 활용하여 공감 역할극을 해보고, 각 역할의 입장에서 내 마음에 와 닿는 공감 반응을 적어 보세요.

내 역할	내 마음에 와 닿는 공감 반응
공감하는 사람	내가 잘한 점!
공감받는 사람	공감하는 사람(__________님)이 잘한 점!
보는 사람	공감하는 사람(__________님)이 잘한 점!

☞ 워크북 | 2-④ 경험 보고서

1. 활동을 마친 지금 어떤 느낌이 드시나요? 새롭게 알게 된 점은?

2. 오늘은 나의 어떤 모습을 보고 조금 변화했다고 할 수 있을까요?

3. 오늘의 변화를 유지하기 위해 실제 생활에서 어떤 것을 해볼 수 있을까요?

[3회기: 대인관계 만족감 증진하기]

목표	• 타인과 함께 있을 때 편안함과 즐거움을 느낄 수 있다. • 나의 강점을 알고 자신감을 향상시킬 수 있다. • 대인관계에서 나타나는 스트레스를 알고 이를 해소한다.

활동과정	진행내용	소요 시간	준비물
도입	• 지난 시간 과제에 대해 이야기를 나눈다. • 프로그램을 설명한다.	5분	A4 용지 필기도구
전개	• 긍정적 경험 나누기 - 현재 점수를 적어 본다. - 대인관계에서 변화된 점이 있다면 말해 본다.	15분	워크북 ☞ 1-③ ☞ 2-①
	• 편안한 사람들(마인드맵) 활동하기 - 마인드맵에 '나'를 중심으로 '내가 편한 사람들'을 적고 연결하고(친할수록 가깝고 굵게 표시), 그 사람에 대한 나의 느낌을 자유롭게 표현한다.	15분	워크북 ☞ 3-①
	• 나의 강점 탐색 및 활용하기 - 친밀한 관계에서의 내 강점을 적고 말해 본다. - 집단원들은 그 사람의 또 다른 강점을 찾아 준다. - 탐색한 장점을 어떻게 활용할지 이야기 나눈다.	40분	워크북 ☞ 3-②
	• 해소 맨(man) 활동하기 - 한 집단원이 자신의 대인관계 스트레스 상황을 설명하면, 다른 집단원이 해소 맨(man)이 되어 문제를 해결할 수 있는 의견을 제시한다. - 해결책을 통해 느낀 점이나 배운 점을 이야기한다.	35분	워크북 ☞ 3-③
마무리	• 경험 보고서를 통해 활동을 마친 소감, 새롭게 알게 된 점, 변화된 점에 대해 기록한다. • 회기를 마친 후 느낌에 대해 공유하고 정리한다.	10분	워크북 ☞ 2-④

NOTE

☞ 워크북 | 3-① 편안한 사람들

1. 오늘 주제와 관련하여 이번 시간 끝나기 전에 이루고 싶은 작은 변화(목표)는?
2. 내가 함께 있을 때 편안하고 즐거운 사람들을 마인드맵에 그려 보세요.
   그리고 내 사람에 대한 나의 느낌을 마인드맵에 자유롭게 표현해 보세요.
   그들은 나의 가족일수도, 어릴 적 친구 또는 동기, 선후배일 수도 있습니다.
3. 마인드맵 사람들이 지금 이 자리에 있다면, 나에 대한 느낌을 뭐라고 할까요?
   나의 어떤 점이 편하고 좋아서 내 곁에 있다고 말할까요?

☞ 워크북 | 3-② 나의 강점 탐색 및 활용하기

1. 오늘 주제와 관련하여 이번 시간 끝나기 전에 이루고 싶은 작은 변화(목표)는?
2. '내가 원하는 친밀한 관계 모습'에 가장 가까운 친구나 장면을 떠올려 보세요.
   ① 내가 원하는 친밀한 관계 모습을 가능하게 한 나의 강점을 아래 표에 적어 보세요.
   당신은 어떻게 그렇게 친밀한 관계를 맺고 유지할 수 있나요?
   친구는 나의 어떤 점 덕분에 친하다고 말할까요?
   ② '내가 원하는 친밀한 관계의 모습'과 가장 거리가 멀 때를 1점, 그 모습과 가장 가까울 때를 10점이라고 한다면, 현재 나는 몇 점일까요? _____점. 여기서 1점 더 향상시키기 위해, 어떻게 나의 강점을 활용할 수 있을지 아래 표에 적어 보세요.

① 나의 강점		② 나의 강점 활용하기
1. ______________		1. ______________
2. ______________		2. ______________
3. ______________	⇨	3. ______________
4. ______________		4. ______________
5. ______________		5. ______________

☞ 워크북 | 3-③ 대인관계 스트레스

1. 오늘 주제와 관련하여 이번 시간 끝나기 전에 이루고 싶은 작은 변화(목표)는?

2. 내가 주로 대인관계에서 스트레스를 받는 상황이었음에도 불구하고, 스트레스를 잘 해소했던 경험을 떠올려 보세요.

스트레스 상황		
	누가	
	언제	
	어디서	
	무엇을	
	어떻게	

- 위 상황 속에서 당신은 어떻게 견딜 수 있었나요?
- 스트레스를 해소하기 위해 무엇을 했나요? 스트레스 해소에 도움이 된 것은?
- 그 방법이 스트레스 해소에 효율적인 것을 어떻게 알았나요?

3. 사람들은 때때로 대인관계 스트레스로 인해 더 힘들어지기도 하는데, 당신은 더 스트레스를 받지 않기 위해 현재 무엇을 하고 있나요?

[4회기: 의사소통 능력 향상]

목표	• 다른 사람과 의견이 다를 때 모두에게 좋은 방향으로 해결할 수 있다. • 다른 사람과 효과적으로 의사소통할 수 있다. • 나의 의사소통 방법에 대한 강점을 알고, 약점을 보완할 수 있다.

활동과정	진행내용	소요 시간	준비물
도입	• 지난 시간 과제에 대해 이야기를 나눈다. • 프로그램을 설명한다.	5분	
전개	• 긍정적 경험 나누기 - 워크북 1-③에 현재 점수를 적어 본다. - 대인관계에서 변화된 점이 있다면 말해 본다.	15분	워크북 ☞ 1-③ ☞ 2-①
	• 갈등 해결 경험 나누기 & 현재 갈등 해결 계획하기 - 타인과의 갈등을 효율적으로 해결했던 경험을 떠올리고, 해결했던 방법과 결과를 말해 본다. - 현재 해결하고 싶은 갈등상황을 적어 보고, 집단원들과 함께 논의하여 해결 방법과 실천 계획을 세운다.	20분	워크북 ☞ 4-①
	• 의사소통 역할극(말하기, 듣기, 보기)하기 - 준비된 대화상황 중 한 가지를 선택한다. - 대화상황에 맞추어 말하고, 듣고, 보는 3가지 역할로 나뉘어 역할극을 시작한다. - 역할극이 끝난 뒤 말한 사람이 듣는 사람과 보는 사람에게 자신의 의도나 생각, 감정이 잘 전달되었는지 피드백 받는다. - 3명이 돌아가며 모든 역할을 반복해 본다.	30분	워크북 ☞ 4-②
	• 효과적인 의사소통 평가하기 - 역할극을 통해 알게 된 의사소통 강점을 적어 본다. - 나의 의사소통 점수를 평가하고 더 향상하기 위해서 보완해야 할 점은 무엇인지 적어 본다.	30분	
마무리	• 경험 보고서를 통해 활동을 마친 소감, 새롭게 알게 된 점, 변화된 점에 대해 기록한다. • 회기를 마친 후 느낌에 대해 공유하고 정리한다.	10분	워크북 ☞ 2-④

☞ 워크북 | 4-① 너도 나도 좋게

1. 오늘 주제와 관련하여 이번 시간 끝나기 전에 이루고 싶은 작은 변화(목표)는?

2. 다른 사람과의 갈등을 효율적으로 해결했던 경험을 이야기해 보세요.

3. 현새 내가 해결하고 싶은 다른 사람과의 갈등 상황을 적고, 내가 시도해 볼 수 있는 해결 방법을 찾아 그 결과를 예측해 보세요.

<table>
<tr><td>상황</td><td colspan="5"></td></tr>
<tr><td>해결방법</td><td colspan="5">Q. 이전의 갈등 해결 경험을 토대로 이번에는 어떻게 해볼 수 있을까요?</td></tr>
<tr><td rowspan="3">결과예측</td><td colspan="5">Q. 만약 내가 위 방법대로 한다면, 상대방은 어떻게 반응할까요?</td></tr>
<tr><td rowspan="2">나</td><td>감정:</td><td rowspan="2">상대방</td><td colspan="2">감정:</td></tr>
<tr><td>생각:</td><td colspan="2">생각:</td></tr>
<tr><td rowspan="2">실천계획</td><td>언제</td><td></td><td>어디서</td><td colspan="2"></td></tr>
<tr><td>무엇을 어떻게</td><td colspan="4"></td></tr>
</table>

☞ 워크북 | 4-② 효과적인 의사소통

1. 의사소통 역할극에서 자유 주제로 평소처럼 대화해 보고, 각 역할의 입장에서 효과적인 의사소통 방법(대화 장면에서 장점 또는 기술, 자원)을 찾아 적어 보세요.

내 역할	효과적인 의사소통 방법
말하는 사람	나의 강점
듣는 사람	말하는 사람(________님)의 강점
보는 사람	말하는 사람(________님)의 강점

2. 현재 나의 의사소통 점수는 몇 점인가요? _____점 / 10점

3. 1점 더 오르려면 무엇이 필요할까요? 실생활에서 무엇을 해볼 수 있나요?

[5회기: 표현능력 함양 및 마무리]

목표	• 다른 사람에 대한 긍정적인 느낌을 잘 표현할 수 있게 한다. • 나에 대한 타인의 긍정적인 표현을 발전적으로 받아들일 수 있도록 한다. • 변화된 나의 모습을 확인하고 변화 유지를 위해 노력한다.

활동과정	진행내용	소요 시간	준비물
도입	• 지난 시간 과제에 대해 이야기를 나눈다. • 프로그램을 설명한다.	5분	A4 용지 필기도구
전개	• 칭찬카드 만들기 - 다른 사람에게 효과적으로 칭찬할 수 있는 방법에 대해 의논해 본다. - 집단원에 대한 긍정적 느낌과 칭찬하는 말을 적은 칭찬카드를 만든다. - 돌아가면서 칭찬카드를 나누고, 칭찬을 받아들일 수 있다면 '고마워요'라고 말하고, 칭찬내용이 궁금하면 설명을 부탁한다.	40분	워크북 ☞ 5-①
	• 칭찬 받아들이기 - 칭찬카드 중 대인관계에 도움이 되는 카드를 골라 보고, 대인관계에 활용할 수 있는 방법을 적고, 이야기 나눈다.	20분	워크북 ☞ 5-②
	• 변화한 나 - 눈을 감고 조용한 음악을 들으며 '집단참여 전 나의 모습'과 '현재 나의 모습'을 떠올려 본다. - 나의 변화된 모습과 변화를 일으킨 나의 강점과 이로 인해 생긴 자신감을 적고 말해 본다.	20분	워크북 ☞ 5-③
	• 나와의 작은 약속 - 가까운 미래의 나에게 지금의 변화를 유지할 것을 약속하는 편지를 쓴다.	20분	워크북 ☞ 5-④
마무리	• 프로그램에 대한 평가와 마무리를 한다.	15분	

☞ 워크북 | 5-① 칭찬하기

1. 오늘 주제와 관련하여 이번 시간 끝나기 전에 이루고 싶은 작은 변화(목표)는?

2. 나에게 가장 기억에 남는 칭찬의 특성을 고려하여, 다른 사람을 잘 칭찬할 수 있는 방법을 함께 의논하여 적어 보세요.

3. 집단상담을 함께 한 동료들의 장점, 그에 대한 긍정적인 느낌을 담아 칭찬카드를 만들어 보세요.

① 카드 앞면에는 카드를 받을 사람에 대한 긍정적인 느낌을 자유롭게 표현하기
② 카드 뒷면에는 나와 상대방의 별칭과 그 사람에 대해 칭찬하는 말 적기

(상대방에 대한 긍정적인 느낌)	TO. (상대방 별칭) 칭찬: ______ From. (내 별칭)
① 앞면	② 뒷면

☞ 워크북 | 5-② 칭찬 받아들이기

1. 내가 받은 칭찬카드 중에서 나의 대인관계에 도움이 될 것으로 예상되는 점이 적힌 카드를 고르고 그 내용을 적어 보세요.

To. ____________________

From. ____________________

2. 내가 고른 카드에 적힌 나의 장점을 앞으로 대인관계에서 어떻게 활용할지 구체적으로 적어 보세요.

언제		어디서	
무엇을 어떻게			

☞ 워크북 | 5-③ 변화한 나

1. 집단상담을 통해 변화된 나의 모습을 적어 보세요.

집단상담 참여 전		현 재
	⇨	

① 나의 변화를 알아차린 사람은 현재 내 모습을 보고 뭐라고 말할까요?

② 이와 같은 변화가 나에게 어떤 도움을 주었나요?

2. 나의 변화에 가장 도움이 되었던 요소는 무엇인가요? 변화를 가능하게 한 나의 강점과 이로 인해 가장 자신감이 붙은 부분을 적어 보세요.

나의 강점	
가장 자신감이 붙은 부분	

3. 앞으로 이 변화를 유지하기 위해 무엇을 해볼 수 있을지 이야기해 보세요.

☞ 워크북 | 5-④ 나와의 작은 약속

To. ____________

From. ____________

______년 ___월 ___일

CHAPTER
3

용서 집단상담 프로그램

인간은 살아가면서 누구 할 것 없이 여러 가지 아픈 상처나 고통을 겪게 된다. 특별히 대인관계에서 오는 갈등은 분노와 좌절, 두려움과 불안의 부정적 정서를 유발하여 삶을 황폐하게 만들기도 하며, 삶의 만족감을 저하시키고 갈등과 분쟁의 원인으로 작용되기도 한다. 군 장병들은 복무기간 동안 다양한 구성원들과 인간관계를 경험한다. 상명하복의 조직 체계와 계급으로 이루어진 위계적 상황에서 원만한 대인관계를 잘 한다는 것은 매우 어려운 일이다.

따라서 본 프로그램은 군 대인관계 과정에서 일어나는 갈등을 인식하고 그 갈등에 대한 대처를 잘 할 수 있게 할 뿐만 아니라 용서의 참 의미를 배워 인간관계 갈등으로 인한 부정적인 정서와 심리적 상처를 치유하고 회복하는 데 도움을 주기 위해 도입하였다. 본 장에서 제안하는 용서 집단상담 프로그램은 김광수 등(2016. pp. 64-126)의 『용서를 통한 치유와 성장』에 나오는 집단상담 프로그램을 참고하였으며, 이를 군 장병들에게 적합하도록 수정 및 재구성하였다.

용서 집단상담 프로그램의 회기별 내용

구분	중점	세부내용
1회기	마음 문 열기	프로그램 참여 이유와 목표를 나누고 자신의 인간관계를 돌아본다.
2회기	상처 직면과 표현하기	미해결된 상처와 대상을 회상하고 상처를 직면한다. 상처의 부정적 영향에 대해서 자각한다.
3회기	새로운 시각으로 바라보기	자신의 대처 방식을 점검하고 상처를 준 사람과 상처를 맥락 속에서 새롭게 바라본다.
4회기	용서의 결정과 행동	용서의 필요성과 진정한 용서의 의미를 이해하고 상처를 준 상대방을 용서하기로 결심한다.
5회기	용서 여정	용서의 의미를 성찰하고 지속적인 용서의 삶을 살아갈 수 있도록 마음을 새롭게 한다.

[1회기: 마음 문 열기]

목표	• 프로그램의 목적과 집단 운영 방법을 이해한다. • 자신의 인간관계를 돌아본다. • 자연스럽게 자기개방을 하므로 신뢰감을 형성한다.

활동과정	진행내용	소요시간	준비물
도입	• 집단구성원을 소개한다. • 서약서를 작성한다.	10분	워크북 ☞ 1-①
	• 대인관계의 상처와 갈등으로 인한 부정적인 반응을 극복하고 긍정적인 반응을 배워 적용함으로 정서적 안녕감과 행복감을 경험하도록 돕는다.		
전개	• 장점 관련 별칭 짓고 자기소개하기 - 자신의 장점을 찾고 장점과 관련된 별칭을 지은 후 준비된 이름표에 별칭을 적고 꾸민다. - 돌아가며 별칭과 자기소개를 한다.	30분	명찰 필기도구
	• 프로그램 참여 이유와 기대 목표 나누기 - 프로그램 참여 이유와 기대 목표에 대해 이야기한다.	20분	필기도구

	- 시작의 중요성과 변화를 향해 나아갈 때 어떤 장애물이 생길 수 있을지에 대한 이야기를 나눈다.		
	• 나의 인간관계 돌아보기 - 나의 인간관계에 대해 생각해 본다. - 좋은 관계를 위해 필요한 것은 무엇인지 관계의 위기를 극복하는 좋은 방법은 무엇인지 의견을 나눈다. - 관계 돌아보기를 통해서 깨닫게 된 점을 나눈다. - 사람은 누구나 고의적이든 무의식적이든 누군가에게 상처를 주거나 마음을 아프게 할 수 있다. 중요한 것은 상처를 어떻게 다루어 나가느냐이다.	40분	워크북 ☞ 1-②
과제부여	• 상처 체크 리스트를 작성해 오도록 안내한다.	5분	
마무리	• 회기를 마친 후 느낌에 대해 공유하고 정리한다.	10분	

☞ 워크북 | 1-① 서약서 작성하기

서 약 서

우리의 만남은 용서 집단상담 프로그램을 통하여 새로운 변화와 발전을 목표로 만들어진 모임입니다. 우리는 이곳에서 한층 더 당당해지고 멋있어진 자신의 모습과 전우들의 모습을 보게 될 것입니다. 자신과 전우들의 모습을 알아 가면서 기쁠 수도 있겠지만 때로는 전우에게 실망하고 화가 나는 일도 생길 수 있습니다. 그러나 이 모임을 통해 더 나은 자신의 모습과 새로운 가능성을 만나게 될 것입니다. 보람 있고 즐거운 만남이 되기 위해 서로를 존중하는 우리의 약속을 정해 봅시다.

1. 내 마음에 있는 생각이나 느낌을 솔직하게 표현한다.
2. 전우들이 하는 말을 비판이나 편견 없이 있는 그대로 듣는다.
3. 여기서 나눈 이야기는 절대로 밖에서 말하지 않는다.
4. 전우가 이야기할 때에는 끼어들거나 방해하지 않고 잘 듣는다.
5. 집단모임 시간을 잘 지키고 성실히 집단활동에 참여한다.
6. 개인에게 부과된 과제는 성실히 수행한다.

_____년 ___월 ___일 이름: ____________ 서명: ____________

☞ 워크북 | 1-② 관계 돌아보기

1. 과거나 현재의 관계 중에서 나에게 도움이 되었던 사람에 대해 얘기해 보십시오.

   1) 누구와 어떤 일이 있었습니까?

   2) 어떤 점이 도움이 되었습니까?

2. 과거나 현재의 관계 중에서 나를 힘들게 했던 사람에 대해 얘기해 보십시오.

   1) 누구와 어떤 일이 있었습니까?

   2) 어떤 점이 힘들었습니까?

[2회기: 상처 직면과 표현하기]

목표	• 미해결된 상처와 대상을 회상하고 상처를 직면한다. • 내면에 남아 있는 상처로 인한 분노와 부정적 감정들을 자각하고 자유롭게 표현한다. • 문제해결의 대처방식을 알아보고 변화의 필요성을 인식한다.

활동과정	진행내용	소요 시간	준비물
도입	• 지난 회기 이후의 느낌을 나눈다. • 미해결된 상처는 오래된 감정으로 남아 삶 속에 역기능을 일으키는 주요한 심리적 요인이 됨을 설명한다.	10분	필기도구
전개	• 내가 받은 상처 직면하기 - 자신에게 부당함과 고통을 주었던 대상과 상처를 떠올려 본다. - 상처를 준 대상이 누구인지 이야기해 본다. - 상처가 내게 미치는 영향 평가표를 작성한다. - 워크북을 이용하여 자신이 받았던 상처에 직면하고 그것이 현재 자신에게 미친 영향을 평가한다.	50분	워크북 ☞ 2-① ☞ 2-②
	• 부정적 감정을 자유롭게 표현하기 - 상처를 준 대상에게 표현하지 못했던 분노나 슬픔을 표현해 본다. - 예시: 그에게 하고 싶은 말은 ________이다. 그에게 듣고 싶은 말은 ________이다.	20분	인형
	• 대처방식 점검하기 - 갈등에 처하거나 분노를 느낄 때 자신이 사용하는 대처방식이 바람직한지 점검한다. - 자신이 주로 사용한 대처방식이 상처를 치유하고 편안한 마음을 갖는 데 도움이 되었는지 스스로 평가해 보고 집단원과 새로운 대안이 필요한지 고민해본다.	20분	워크북 ☞ 2-③
과제부여	• 다음 회기 목표 및 활동주제에 대하여 설명하고, 워크북 3-①을 작성해 오도록 한다.	5분	
마무리	• 명상카드를 나누어 주고 명상자세를 취한 후 자신에게 나직하게 말해 본다.	15분	명상카드

☞ 워크북 2-① 상처 체크리스트

누군가가 나를 부당하게, 그리고 상당히 아프게 했던 경험을 한 가지만 생각해 보십시오. 힘들겠지만 언제, 어떤 일이 일어났는지, 나에게 어떤 영향을 미치고 있는지를 자세히 떠올려 보십시오. 그 후에 다음의 질문에 대답하십시오.

1. 언제 그 일이 발생했습니까?

_____일 전 _____주 전 _____달 전 _____년 전

2. 그 일로 인해 당신은 얼마나 상처를 받았습니까?

상처받지 않음	약간 상처받음	상처받음	많이 상처받음	매우 많이 상처받음
1	2	3	4	5

① 2번 질문에서 3점 이상이라고 대답한 경우에만 다음 질문으로 넘어가십시오.
② 3점 이하인 경우에는 당신을 많이 아프게 했던 다른 상처 경험을 떠올린 후 1번 질문부터 다시 시작하십시오.

3. 누구와 어떤 일이 있었습니까? (최대한 구체적으로 적어 보십시오.)

____

____

____

____

4. 그 일이 당신에게 어떤 상처를 주었습니까?
그 상처가 당신에게 미치는 영향은 무엇입니까? (최대한 구체적으로 적어 보십시오.)

____

____

____

____

____

____

☞ 워크북 | 2-② 상처가 내게 미치는 영향 평가표

내가 받은 상처:

영향 점수:

전혀 없음			중간			매우 심함
0	1	2	3	4	5	6

기분:

화가 난다. ____________ 배신감을 느낀다. ____________

울하다. ____________ 억울하다. ____________

불안하다. ____________ ____________

기타 기분 ____________ ____________

생각:

상대방을 믿지 못하게 되었다. ____________

이 세상이 불공평하다는 생각이 든다. ____________

내가 약하고 무능력하다는 생각이 든다. ____________

상처에 대해서 반복해서 계속 생각하게 된다. ____________

기타 생각 ____________

행동:

상대방과의 관계가 나빠졌다. ____________

식욕도 없고 잠도 잘 못 잔다. ____________

사람들을 피한다. ____________

기타 행동 ____________

☞ 워크북 | 2-③ 대처방식 알아보기

◉ 갈등을 겪거나 분노를 느낄 때 여러분이 자주 사용하는 대처방식은 무엇입니까?

자신이 자주 사용하는 대처방식을 떠올려 보고 얼마나 도움이 되었는지 다음 체크리스트를 작성해 보십시오.

내가 사용한 대처방식	전혀 효과가 없다	별로 효과가 없다	보통이다	어느 정도 효과가 있다	매우 효과가 있다
단절하기					
무시하기					
공격하기					
비난하기					
기타					

[3회기: 새로운 시각으로 바라보기]

목표	• 상대방의 환경에 대해 알아보고, 상처를 맥락 속에서 재인식한다. • 상대방의 입장에 대한 공감하기를 통해 용서를 촉진한다. • 인간은 단점과 한계를 가진 불완전한 존재임을 이해한다.

활동과정	진행내용	소요 시간	준비물
도입	• 상처에 대해서 새로운 눈으로 바라보는 것은 상처를 단편적으로 보는 것이 아니라 맥락 속에서 총체적으로 바라보는 것임을 설명한다.	10분	
전개	• 인간에 대해 새로운 눈으로 바라보기 - 지난 시간에 과제로 내 준 워크북을 이용하여 상대방에 대해 새롭게 알게 된 내용을 나눈다.	40분	워크북 ☞ 3-①
	• 상대방의 입장이 되어 느껴 보기 - 빈 의자 기법 실시 후 자신의 마음을 점검해 본다. - 상대방의 입장이 되어 어떨지 상상해 보고 질문에 답해 본다. - 상처를 준 사람으로서 어떠한 심정인지, 무슨 생각이 드는지, 마음에 어떤 변화가 드는지 이야기한다.	30분	의자
	• 불완전한 인간임을 통찰하기 - 인간은 불완전하므로 다른 사람에게 잘못하며 상처 줄 수 있음을 이해한다. - 자신이 타인에게 상처를 준 경우에 대해 말해 본다.	30분	워크북 ☞ 3-②
마무리	• 명상카드를 나누어 주고 자신에게 나직하게 말해 본다. • 나에게 피해나 상처를 주었던 사람을 떠올리며 축복을 기원한다.	10분	명상카드 명상음악 은은한 조명

NOTE

☞ 워크북 | 3-① (　　　)의 삶

◉ 당신에게 상처를 준 사람을 위에 써 넣고, 다음을 중심으로 그 사람의 삶에 대해서 최대한 자세하게 써 보십시오

1. 그 사람의 성장 과정은 어떠했습니까?
   (그 사람이 어린아이였을 때, 청소년이었을 때, 성인이 되었을 때 어떠했습니까? 구체적인 사건들을 예로 들면서 써 보십시오.)

   대처방식 예: 도피하기, 욕하기, 남 탓하기, 반복해서 생각하기, 회피하기, 술 마시기, 공격하기, 집착하기, 무시하기, 따돌리기, 합리화하기, 폭언하기, 요구하기, 회유하기, 잊어버리기, 자기비하하기, 억압하기, 기도하기, 운동하기, 노래방 가기

2. 당신에게 상처를 줄 당시, 그 사람의 삶은 어떠했습니까?
   (구체적인 사건들을 예로 들면서 써 보십시오.)

3. 상대방의 장점을 세 가지만 써 보십시오.

4. 상대방의 단점을 세 가지만 써 보십시오.

[워크북 보충자료]

빈 의자 기법(Empty Chair)

상담자는 빈 의자를 내담자 앞에 두고 상상의 인물, 즉 내담자에게 상처 준 사람과 대화하도록 유도한다. 또한 내담자가 그 인물이 되어 의자에 앉아서 대답한다. 필요 시에는 의자 대신 보조 자아를 등장시켜 그 인물의 역할을 맡도록 할 수 있다. 또는 비특정인, 예를 들어 울고 있는 아이, 과거에 상처받던 상황의 자신의 모습, 어린 시절 늘 지니고 다녔던 인형, 슬픔에 잠긴 사람, 앉아서 떨고 있는 사람 등을 상상하게 한 후 자신을 투영해 볼 수도 있다. 의자 이외에 침대, 창가, 탁자, 식탁 등도 같은 이미지로 사용될 수 있다.

빈 의자 기법은 다음과 같이 진행한다.
"우리는 이런저런 상상들을 많이 합니다.
저는 이제부터 여러분을 상상의 세계로 안내할까 합니다.
여기 빈 의자가 하나 있습니다. 누군가가 앉아 있습니다.
누구일까요? 여러분에게 상처를 준 사람이 앉아 있다고 상상해 볼까요?
어떻게 앉아 있나요? 표정은 어떤가요? 시선은 어디를 보고 있죠?
뭐라고 첫마디를 건네겠습니까? 그러면 그 사람은 뭐라고 대답하나요?
눈을 감아도 좋습니다. 자, 이제 그 사람에게 정말로 하고 싶었던 이야기를 해보세요."

☞ 워크북 | 3-② 내가 상처를 주었던 경험

◉ 살아가면서 우리는 다른 사람에게 잘못하고 상처를 줄 때가 있습니다. 내가 누군가에게 잘못하고 상처를 주었던 경험에 대해서 생각해 보십시오.

1. 언제, 누구와 무슨 일이 있었습니까?

2. 그 일은 나와 상대방에게 어떤 영향을 미쳤습니까?

3. 이런 경험이 나에게 상처를 준 사람에 대한 생각과 태도에 어떤 영향을 미치고 있습니까?

[4회기: 용서의 결정과 행동]

목표	• 용서 경험을 통해 용서 필요성을 생각해 보고 진정한 용서를 이해할 수 있다. • 나에게 상처 준 사람을 용서하기로 결심하고 선물 목록을 작성한다.

활동과정	진행내용	소요 시간	준비물
도입	• 과거의 용서 경험을 통해 용서의 필요성과 진정한 용서의 의미에 대해 알아본 후, 나에게 상처를 준 사람에 대해 용서하기로 결심해 본다.	10분	
전개	• 용서 경험 나누기 - 용서받았거나 용서했던 경험, 그때 느꼈던 감정, 자신이 생각하는 용서의 의미, 용서의 필요성에 대해 이야기를 나눈 후 한 사람이 요약하여 소개한다. - 용서는 가해자를 위한 것이기보다 상처 입은 피해자가 상처를 극복하고 회복하기 위해 필요한 과정임을 숙지한다.	30분	워크북 ☞ 4-①
	• 진정한 용서의 의미 이해하기 - 퀴즈를 통해 용서에 대한 오해를 점검해 본다. - 맞힌 참여자에게 선물을 줌으로 즐거운 분위기를 유도한다.	20분	워크북 ☞ 4-②
	• 용서의 선택과 결심하기 - 상처를 극복하기 위한 방법으로 용서를 선택하도록 유도한다. - 나에게 상처를 준 사람을 용서하기로 결심했다면 서약서를 작성해 본다.	30분	워크북 ☞ 4-③
	• 상대에게 선물 주기 - 나에게 상처를 준 사람을 만난다면 어떻게 대할지 생각해 보고 그에게 선물을 준다면 무엇을 주고 싶은지 선물목록을 작성해 본다. - 두 사람씩 짝지어 선물 전달 연습을 한다.	20분	워크북 ☞ 4-④
마무리	• 선물 전달은 다음 시간까지 계속 한다. • 다음 회기에 필요한 집단원의 선물을 준비하게 한다.	10분	

☞ 워크북 | 4-① 용서 경험

◉ 우리는 살면서 실수하기도 하고, 누군가로부터 부당한 대우를 받거나 상처받기도 합니다. 자신이 실수를 했을 때 용서를 받았던 기억과 누군가를 용서했던 기억을 되살려 보십시오.

1. 누구에게 용서받은 경험이 있나요? 용서받았을 때 어떤 감정을 느꼈습니까?

2. 누군가를 용서한 경험이 있나요? 용서했을 때 어떤 감정을 느꼈습니까?

3. 용서란 무엇이라고 생각하는지요?

4. 용서는 왜 필요하다고 생각하는지요?

☞ 워크북 | 4-② 진정한 용서의 의미 이해하기

1. 다음 문장에 대해서 ○, X로 답해 보십시오.

   가. 용서는 잊는 것이다. ( )

   나. 용서는 참는 것이다. ( )

   다. 용서하면 정의가 훼손된다. ( )

   라. 용서하면 화해해야 한다. ( )

   마. 용서는 나를 위한 것이다. ( )

2. '진정한 용서'의 의미에 대하여 알아봅시다.

   가. 다음 중 '진정한 용서'에 해당하는 것을 찾아보십시오. ( )

   ① 상대방이 나처럼 피해를 입었을 경우에 용서하는 것

   ② 주위에서 용서하기를 기대하기 때문에 용서하는 것

   ③ 자발적으로 상대방을 이해하고 수용하는 마음으로 용서하는 것

3. 용서는 일회적 행위가 아니라 '과정'입니다. 우리가 걸어온 과정을 체크해 보십시오.

개방		결심 및 작업		심화
□ 관계 돌아보기 □ 상처 마주하기 □ 상처의 영향 자각하기	⇨	□ 새롭게 바라보기 □ 새롭게 느끼기 □ 용서 시도 결심하기 □ 새롭게 행동하기	⇨	□ 변화 발견 □ 고통의 의미 □ 삶의 목적 □ 용서의 자유

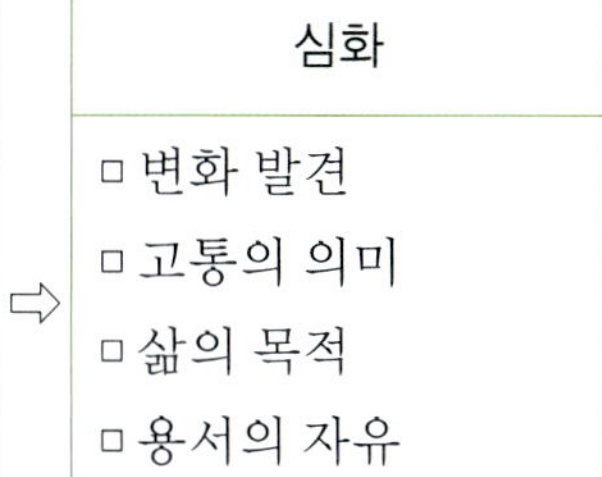

【답지】

1. 가(X), 나(X), 다(X), 라(X), 마(X)

2. ③

3. 개방(☑ 관계 돌아보기, ☑ 상처 마주하기, ☑ 상처의 영향 자각하기),
   결심 및 작업(☑ 새롭게 바라보기, ☑ 새롭게 느끼기)

☞ 워크북 | 4-③ 용서 증서

나는 이제 나에게 상처를 준 (   )을(를) 용서합니다. 그리고 다음을 약속합니다.

1. 그 사람에 대해서 부정적으로 생각하고, 느끼고, 행동하지 않겠습니다.
2. 그 사람에 대해서 최대한 긍정적으로 생각하고, 느끼고, 행동하도록 노력하겠습니다.
3. 내 용서를 표현하기 위해서 그 사람에게 선물을 주도록 노력하겠습니다.

이 름: __________ 서명: __________ 날짜: _______년 ___월 ___일

보증인: __________ 서명: __________ 날짜: _______년 ___월 ___일

☞ 워크북 | 4-④ 상대에게 줄 수 있는 선물 목록

◉ 나에게 상처를 준 사람에게 주고 싶은 선물 목록을 작성해 보고 어떻게 느껴지는지 체크해 보십시오.

선물 목록	아주 편안함	조금 편안함	별로 편안하지 않음	전혀 편안하지 않음

선물 목록 예시 비난하지 않기, 상대방의 장점 찾기, 기도하기, 눈 맞추며 반갑게 인사하기, 미소 짓기, 먼저 안부 묻기, 먼저 말 걸기, 상대방의 이야기를 귀 기울여 듣기, 작은 선물 전하기, 함께 식사하기

◉ 실천 가능한 범위에서 선물 전달을 계획해 보십시오.

누구에게	
무엇을	
언제	
어떻게	
상대방의 반응은 어떨까?	

[5회기: 용서 여정]

목표	• 용서 경험의 의미를 성찰할 수 있다. • 긍정적 변화를 살펴보고 앞으로 계속될 용서 여정을 준비할 수 있다.

활동과정	진행내용	소요시간	준비물
도입	• 선물 받은 경험 나누기 - 선물 전달 계획을 실행한 집단원의 경험과 소감을 듣고 전하지 못한 사람은 앞으로 어떻게 하고 싶은지 이야기를 나누어 본다. - 용서 경험의 의미를 성찰해 보면서 앞으로 용서 여정을 지속해 나가기 위해 서로 격려하는 시간을 갖도록 한다.	15분	
전개	• 얼마나 용서했을까? - 용서하기 척도를 사용하여 자신이 받은 상처와 상처를 준 사람에 대한 생각이 얼마나 변화되었는지 확인한다.	30분	워크북 ☞ 5-①
	• 용서 여정 되돌아보기 - 용서 여정에 나타난 긍정적 변화와 미해결 과제에 대해 생각해 본다. - 용서 여정에서 예상되는 걸림돌은 무엇이고 그것을 어떻게 극복하면 좋을지 함께 이야기한다.	30분	워크북 ☞ 5-②
	• 칭찬하기 - 서로의 장점을 칭찬하며 격려한다. - 지도자가 먼저 제비를 뽑고 뽑힌 사람은 지도자에게 선물을 받고 준비한 주인공의 자리에 앉는다. - 집단원은 앉은 사람에게 2분 정도 칭찬을 한다. - 주인공이 된 사람은 가장 기억에 남는 칭찬과 칭찬받은 소감을 말하고 자신이 받은 선물을 공개한다. - 제비를 뽑아 계속 순서를 이어 간다.	25분	
마무리	• 프로그램 성과를 전체적으로 평가하고 가장 도움이 되었던 활동과 가장 어렵고 힘들었던 활동은 무엇인지 더 좋은 프로그램이 되기 위해 개선할 점은 무엇인지 소감을 나눈다.	20분	워크북 ☞ 5-③

☞ 워크북 | 5-① 얼마나 용서했을까?

1. 다음 문항들은 당신이 받은 상처와 상처를 준 사람에 대해서 지금 어떻게 생각하고 느끼고 행동하는지에 대한 것입니다. 각 문항에 대해서 자신과 가장 알맞은 곳에 표시해 보십시오. 모든 문항에 솔직하게 응답해 주십시오.

내용	매우 그렇지 않다	대체로 그렇지 않다	그저 그렇다	대체로 그렇다	매우 그렇다
1. 그 사람에 대한 미움이 남아 있다.	1	2	3	4	5
2. 그 사람을 봐도 마음이 편안하다.	1	2	3	4	5
3. 그 사람을 보면 화가 난다.	1	2	3	4	5
4. 그 사람을 봐도 아무렇지 않다.	1	2	3	4	5
5. 그 상처를 잊기 어렵다.	1	2	3	4	5
6. 그 일로 사람들을 경계하게 되었다.	1	2	3	4	5
7. 그 사람과 웃으며 이야기할 수 있다.	1	2	3	4	5
8. 그 사람을 형식적으로 대한다.	1	2	3	4	5
9. 그 사람에게 잘 해주려고 노력한다.	1	2	3	4	5
10. 그 사람에게 편하게 연락한다.	1	2	3	4	5

2. 채점 방법

① 2번, 4번, 7번, 9번, 10번의 점수를 더합니다.

② 1번, 3번, 5번, 6번, 8번은 점수를 역으로 바꾸어서 더합니다.
(예: 1점 →5 점, 2점 → 4점, 4점 → 2점, 5점 → 1점)
①과 ②의 점수를 더하여 총점을 구합니다. 총점은 얼마입니까? 총 ____점

3. 총점 해석 기준

① 22점 이하는 낮은 수준입니다. 당신은 아직도 상처를 많이 받고 있으며, 그 때문에 당신의 생각과 감정과 행동이 부정적입니다. 당신은 치유가 많이 필요하므로 천천히 용서 과정을 거치기 바랍니다.

② 23~32점은 보통 수준입니다. 당신이 상대방을 어느 정도 용서했다는 것을 의미합니다. 상처에서 완전히 벗어나기 위해서는 용서하기 과정을 거칠 필요가 있습니다.

③ 33점 이상은 높은 수준입니다. 당신은 이미 많이 용서하고 있으며 당신이 원한다면 이번 상처에 대해서는 용서하기 과정을 수행하지 않아도 됩니다. 그러나 상대방을 더 용서하고 싶다면 그 상처를 대상으로 용서하기의 과정을 따라가도 좋습니다.

☞ 워크북 | 5-② 나의 용서하기 정리

1. 나에게 상처를 준 사람을 용서하는 과정을 거치면서 얻은 것은 무엇입니까?

2. 상대방에게 용서를 실천하는 데 가장 도움이 된 것은 무엇입니까?

3. 상대방에게 용서를 실천하는 데 가장 방해가 된 것은 무엇입니까?

4. 이런 방해는 어떻게 극복해 나갈 수 있습니까?

☞ 워크북 | 5-③ 평가

1. 용서 프로그램에 참여하면서 얼마나 성과가 있었는지 다음 문항에 대답해 주세요.

내용	매우 도움 됨	약간 도움 됨	보통	별로 도움 안 됨	전혀 도움 안 됨
1. 이 프로그램에 대한 전체적인 나의 평가는 무엇입니까?					
2. 이 프로그램은 나의 상처받은 마음을 회복하는 데 얼마나 도움이 되었습니까?					
3. 이 프로그램은 나에게 상처를 준 사람에 대한 태도변화에 얼마나 도움이 되었습니까?					
4. 이 프로그램은 나의 인간관계 변화에 얼마나 도움이 되었습니까?					
5. 이 프로그램은 내가 행복한 삶을 살아가는 데 얼마나 도움이 되었습니까?					

2. 프로그램 개선을 위한 제안 사항이 있으면 적어 주십시오.

3. 프로그램을 마치는 소감을 남겨 주십시오.

CHAPTER 4

스트레스와 분노조절 집단상담 프로그램

군 복무 중 장병들이 경험하는 스트레스는 우울감에 영향을 주고 자기존중감 수준을 낮아지게 한다. 뿐만 아니라 정서적 어려움을 겪게 하고, 군 적응과 장병 자살에도 부정적인 영향을 주는 것으로 밝혀졌다(심윤기, 2014). 분노 또한 군 적응을 어렵게 하고 각종 사고로 이어지게 하는 단초로 작용된다. 이에 따라 각 부대에서는 자체 스트레스 진단도구를 활용해 평소 장병들의 스트레스 수준을 측정하고, 분노조절을 위한 대책들을 강구하여 시행하고 있지만 속 시원한 해결책은 되지 못하고 있다.

본 프로그램은 김자현(2017)의 인지행동 스트레스관리 집단상담 프로그램과 김태현 등(2013)의 군 부적응자를 위한 집단상담 프로그램을 참고하였다. 이 두 프로그램을 군 장병과 군 교육기관 및 대학교에 재학 중인 군 관련 학과 학생들에게 적용할 수 있도록 일부 수정하여 재구성하였다. 따라서 본 프로그램은 군 장병들의 스트레스관리와 분노조절에 도움을 줄 수 있을 것이며, 나아가 장병들의 부대 적응과 사고예방에도 긍정적인 기여를 할 것으로 본다.

▌스트레스 및 분노조절 집단상담 프로그램의 회기별 내용

구분	중점	세부내용
1회기	스트레스 인식하기	• 개인의 스트레스에 대해 이해하기 • 현재 나의 스트레스 자극에는 어떤 것들이 있는지 확인해 보기
2회기	나를 화나게 하는 것들	• 나의 감정 느껴 보기 • 분노 이해하기 • 나의 분노 상황 이해하기 • 분노에 대한 나의 반응 살펴보기
3회기	생각 멈추기	• 자신의 생각을 스스로 통제해 보기 • 생각 멈추기: Thought stop
4회기	분노조절하기	• 생각 바꾸기 • 행동으로 변화시키기 • 부적절한 감정언어 표현 조절 연습하기
5회기	호흡법과 심상법 활용하기	• 호흡법, 심상법 배우기

[1회기: 스트레스 인식하기]

목표	• 스트레스를 알고 자신의 스트레스 상황에 대해 표현하며 프로그램을 이해한다.

활동과정	진행내용	소요 시간	준비물
도입	• 프로그램 소개하기: 목적과 과정에 대해 소개하기 • 규칙 안내하기: 비밀보장, 구체성, 진실성, 경청하기 • 서약서 작성하기	5분	워크북 1-①
전개	• 자기 소개하기 - 이름이나 성격에 맞는 형용사를 사용하여 기억하기 쉽게 자기소개하기 • 프로그램에 대한 기대 나누기 - 참여하게 된 이유, 내가 기대하는 변화, 이 집단에 바라는 점 등을 나눠 보기	20분	
	• 스트레스에 대해 이해하기 - 스트레스의 양면성, 스트레스의 특성에 대해 알아본다.	20분	워크북 1-②

	• 나의 스트레스 사건 알아보기 - 최근 나에게 있었던 스트레스 사건을 적어 보고 그때의 느낌에 대해 적어 본다. • 가장 심각했던 상황이나 나누고 싶은 사건에 대해 나눠 본다(2~3명씩).		워크북 1-③
	• 나의 스트레스 반응 알아보기 - 스트레스 반응에 대해 배워 본다. - 신체반응, 정서반응, 행동반응, 사고반응에 대해 알아보고 내가 스트레스를 받았을 때 어떤 반응을 나타내는지 적어 본다. • 나의 스트레스 반응에 대해 2~3명씩 나눠 본다. - 다른 사람의 반응에 대해서 이해하고 공감한다.	30분	워크북 1-④
과제부여	• 자신이 정한 바람직한 스트레스 대처방법을 알아본다.	5분	
마무리	• 회기를 마친 후 느낌에 대해 공유하고 정리한다.	10분	

☞ 워크북 | 1-① 서약서 작성하기

서 약 서

우리의 만남은 스트레스와 분노조절 집단상담 프로그램을 통하여 새로운 변화와 발전을 목표로 만들어진 모임입니다. 우리는 이곳에서 한층 더 당당해지고 멋있어진 자신의 모습과 전우들의 모습을 보게 될 것입니다. 자신과 전우들의 모습을 알아가면서 기쁠 수도 있겠지만 때로는 전우에게 실망하고 화가 나는 일도 생길 수 있습니다. 그러나 이 모임을 통해 더 나은 자신의 모습과 새로운 가능성을 만나게 될 것입니다. 보람 있고 즐거운 만남이 되기 위해 서로를 존중하는 우리의 약속을 정해 봅시다.

1. 내 마음에 있는 생각이나 느낌을 솔직하게 표현한다.
2. 전우들이 하는 말을 비판이나 편견 없이 있는 그대로 듣는다.
3. 여기서 나눈 이야기는 절대로 밖에서 말하지 않는다.
4. 전우가 이야기할 때에는 끼어들거나 방해하지 않고 잘 듣는다.
5. 집단모임 시간을 잘 지키고 성실히 집단활동에 참여한다.
6. 개인에게 부과된 과제는 성실히 수행한다.

_____년 ___월 ___일 이름: ____________ 서명: ____________

☞ 워크북 | 1-② 스트레스 바로 알기

1. 스트레스의 양면성

(1) 긍정적 측면 : 높은 성과와 도전 욕구
어려운 상황을 극복할 수 있도록 성취의지를 높여 준다. 생활의 활력소가 되고 어떤 일을 해나가는 추진력이 된다.

(2) 부정적 측면 : 사기와 능률 저하, 성격변화, 자존감 저하

(3) 우리가 어떤 일을 수행하는 데에 있어 최상의 기능수준을 발휘하려면, 적절한 양의 스트레스가 필요하다. 지나치게 높은 수준의 스트레스는 긴장과 불안을 유발하고 지나치게 낮은 스트레스는 의욕 상실과 무기력감을 느끼게 하여 일의 능률을 떨어뜨린다.

2. 스트레스의 특성

(1) 스트레스가 지속되면 삶을 지치게 하고 괴롭게 한다.

(2) 어떤 과제 수행에 직면하여 이를 잘 해결할 능력이 없다는 것을 스스로 예측하게 될 때 그것이 스트레스이다.

(3) 스트레스란 대처하기 어려운 상황이다.

(4) 스트레스는 외적, 내적 압력으로부터 올 수 있다.
예) 외적: 가족의 죽음, 경제적 손실, 불편한 인간관계, 사소한 사건들 등
내적: 병의 증상, 나쁜 영양 상태, 수면 부족, 권태감, 열등감 등

(5) 스트레스는 긍정적일 수도 있고 부정적일 수도 있다. 적절한 수준일 때 긍정적이며, 과도할 때 부정적이 된다.

(6) 스트레스가 몸에 작용하면 몸은 스트레스에 적응하거나 대응하기 위해 반응
예) 심장이 빨리 뜀, 땀이 남, 불안, 초조함 등을 일으키는데 이러한 반응은 자연스럽고 정상적인 것이다.

NOTE

☞ 워크북 | 1-③ 나의 스트레스 사건 적어 보기

날짜	스트레스 사건	스트레스 느낌

☞ 워크북 | 1-④ 나의 스트레스 반응 알아보기

1. 신체반응
얼굴이 화끈 달아오름, 땀이 남, 입 마름, 숨이 가쁘거나 자주 쉼, 오한, 가슴이 답답함, 맥박이 빨라짐, 두근거림, 혈압상승, 불규칙한 호흡, 두통, 한숨, 복통, 현기증, 실신, 구토, 설사, 몸이 뻣뻣함, 손 떨림, 몸살 등

2. 정서반응
안절부절, 공포감, 우울감, 쉽게 피로함, 흥분함, 막연한 걱정, 불안감, 통제력의 상실, 두려움, 집중력의 약화, 죽음에 대한 공포, 사회적 고립에 대한 두려움 등

3. 행동반응
일과가 불규칙함, 술을 자주 마심, 식욕저하, 담배를 자주 피움, 과식, 불평을 많이 함, 울기, 수면의 변화, 화를 냄, 악몽, 시간관념이 없어짐, 이갈이, 손톱 물어뜯기, 반복적 행동을 보임 등

4. 사고반응
의심, 쉽게 잊어버림, 부정적으로 생각하기, 자기비하, 열등감, 극단적인 생각, 다른 사람 비난하기, 자책감 등

신체 반응	
정서 반응	
행동 반응	
사고 반응	

[2회기: 나를 화나게 하는 것들]

목표	• 군에서 경험한 분노와 미움의 감정을 인식한다. • 상처와 분노의 감정을 있는 대로 받아들이며 표현하고 평가한다.

활동과정	진행내용	소요 시간	준비물
도입	• 지난 회기에서 다룬 내용에 대해 이야기를 나눈다. • 프로그램을 설명한다.	5분	워크북 2-①
전개	• 나의 감정 느껴 보기 - 서로 마주 볼 수 있도록 앉는다. - 자신이 알고 있는 감정에 대한 표현을 최대한 적어 보기 - 자신들이 적은 느낌을 표정으로 나타내 보기 (2명에게 발표시킴) - 자신이 적은 느낌을 신체언어로 나타내 보기	15분	워크북 2-②
	• 분노에 대해 이해하기 • 분노의 컵 게임하기 - 지시문: 종이컵을 들고 최근에 화가 났던 일들을 상상해 보고 하나씩 연필로 컵에 구멍을 내기 바랍니다. 그런 다음 각자는 자신의 컵에 대해 이야기할 수 있는 기회를 가질 것입니다. 여러분 일부는 집단에서 공유하고 싶지 않은 구멍들이 있을 수도 있습니다(자신과의 대화시간을 준다).	15분	워크북 2-③
	• 나의 분노 상황 이해하기	15분	워크북 2-④
	• 분노에 대한 나의 반응 살펴보기	15분	워크북 2-⑤
마무리	• 소감을 나누고 회기를 마무리 한다.	5분	

NOTE

☞ 워크북 | 2-① 강의

모든 사람은 행복하고 평온한 느낌을 갖고 살고 싶어 한다. 하지만 사람은 자신도 모르게 하루에도 몇 번씩이나 분노를 경험하게 되는데, 이러한 감정은 별로 반갑지 않은 것이다. 분노는 사람들 사이에서 서로 간에 관계를 소원하게 할 뿐만 아니라 자기 자신에게 또는 다른 사람에게 연쇄적으로 작용될 위험이 있어 다른 감정보다도 더욱 주의와 조절이 필요하다.
군대에서 지휘관이나 선임들이 "참아라" 혹은 "인내하라"라고 말할 때 우리들은 그것이 훈련 중의 불안감과 고통, 인간관계 속에서의 어려움, 통제된 생활로부터 오는 구속감 등 여러 가지가 있겠지만 심리적으로 볼 때 넓은 의미에서 '분노'라는 말로 집약할 수 있다. 이번 프로그램은 군 생활 중에서 내가 경험한 분노를 중심으로 살펴보려고 한다.

☞ 워크북 | 2-② 나의 감정 느껴 보기

내가 알고 있는 감정 언어 적어 보기(예: 기쁘다, 슬프다, 억울하다)
군 생활 중에서 가장 기뻤던 일은 무엇입니까?
군 생활 중에서 가장 화났던 일은 무엇입니까?

☞ 워크북 | 2-③ 분노의 원인과 영향 알아보기

분노는 왜 발생했다고 생각하십니까?
(예: 내가 잘못하지도 않았는데 간부가 나를 질책하고 추궁할 때)

분노는 나에게 어떤 영향을 미칩니까?
(예: 누군가를 때리고 싶다.)

☞ 워크북 | 2-④ 나의 분노 상황 이해하기

최근에 화가 났던 상황을 상상해 보고 적어 봅시다.

- 화나는 상황 1

- 화나는 상황 2

- 화나는 상황 3

내가 분노를 느끼는 경우는 주로 어느 때인지 자세히 적어 봅시다.

☞ 워크북 | 2-⑤ 분노에 대한 나의 반응 알아보기

화가 났을 때 어떤 감정이 지배적이었습니까?

화가 났을 때 내 몸은 어떻게 변했습니까?

화가 났을 때 어떤 생각이 들었습니까?

화가 났을 때 어떻게 행동했습니까?

[3회기: 생각 멈추기]

목표	• 자신의 생각을 스스로 통제할 수 있는 능력을 기른다.

활동과정	진행내용	소요 시간	준비물
도입	• 지난 한 주간 받았던 스트레스에 대해 나눠 본다.	15분	
전개	• 부정적인 생각에 대해서 알아보기 - 부정적인 생각의 종류에 대해서 알아보고 나는 어떤 종류의 부정적인 생각을 하고 있는지 알아본다. • 자신의 부정적인 생각 성향에 대해서 나눠 본다. - 나는 어떤 성향의 부정적 생각을 하고 있는가?	20분	워크북 3-①
	• 생각 멈추기 시도하기 - 자신이 원하지 않는 생각이 떠오를 때 '그만'이라고 속으로 말하거나 다른 방법들을 사용하여 원하지 않는 생각을 지워 버리고 원하는 생각으로 대치하는 기법 1 부정적인 생각을 탐색한다. 2 생각을 떠올린다. 3 '그만!' 하고 말한다. 4 바람직한 생각으로 대치한다.	20분	워크북 3-②
	• 생각 멈추기 - 워크북 3-③을 사용하여 생각 멈추기를 해본다. - 빨간색, 초록색 카드를 준비하여 지도자가 진행한다. - 반복 연습을 통하여 사고의 전환을 시도한다. - 모두가 잘 집중하고 있는지 살펴보고 상황에 집중할 수 있도록 진지한 자세로 실시한다.	25분	빨간색 카드 초록색 카드 워크북 3-③
과제부여	• 생각 멈추기 연습을 시간 날 때마다 한다.	5분	워크북 3-③
마무리	• 회기를 마친 후 느낌에 대해 공유하고 정리한다.	10분	

NOTE

☞ 워크북 | 3-① 부정적인 생각에 대해 알아보기

1. 부정적으로 생각하는 것
: 어떤 상황의 부정적인 측면을 과장하고, 긍정적인 측면은 축소하거나 걸러내는 것으로, 주로 "안 될 거야", "할 수 없어" 등의 표현.

2. 극단적으로 생각하는 것
: 모든 일을 '흑-백', '선-악'으로 양극단과 이분법적인 선택이 있을 뿐이다. 중간입장을 생각하지 않음.

3. 최악의 경우를 생각하는 것
: 최악의 사태를 예견, 걱정하며 "만약"이라는 생각이 끝이 없음.

4. 과잉 일반화하기
: 한 가지 사건이나 작은 일만 보고 모든 일에 일반화를 함. 만약 나쁜 일이 한 가지 일어나면, 그러한 사건이 반복해서 계속 일어날 것으로 생각함. "아무도 나를 사랑하지 않는다", "모두, 아무도, 늘" 등의 표현.

5. 비난하기
: 자신 또는 타인에게 모두 가능, 일반적으로는 자신의 책임을 타인에게 전가하는 경우가 많음. 언제나 타인이 자신에게 잘못하고 있으며, 자신은 아무런 책임이 없다고 생각함.

6. 자기와 관련하기
: 다른 사람들이 행동하고 말하는 모든 것이 자신의 행동과 어떤 관련이 있다고 생각함. 자신의 주위에서 발생하는 모든 일에 자신을 관련시키는 경향성, 왜곡된 사고.

7. 나는 항상 옳다고 생각하는 것
: 자신의 견해와 행동이 늘 올바르다는 점을 증명하기 위해 지속적으로 노력하며 다른 의견에는 관심이 없음. 따라서 자신의 의견에는 거의 변화가 없고 새로운 사실들이 자신이 이미 갖고 있던 신념과 다른 경우 그러한 정보를 무시함.

☞ 워크북 | 3-② 생각 멈추기

생각 멈추기는 자신이 원하지 않는 생각이 떠오를 때 '그만'이라고 속으로 말하거나 다른 방법들을 사용하여 원하지 않는 생각을 지워 버리고 원하는 생각으로 대치하는 기법이다.

1. 부정적인 생각을 탐색한다.
   : 현재 경험하고 있는 많은 스트레스 상황을 상상해 본다.
2. 생각을 떠올린다.
   : 기억된 상황 중 한 가지를 선택하여 생각한다.
3. '그만' 하고 말한다.
   : 생각을 하다가 스스로 '그만'이라고 말하고 생각을 멈춘다.
4. 바람직한 생각으로 대치한다.
   : 부정적인 생각을 멈춤과 동시에 즐거운 생각을 떠올린다.

☞ 워크북 | 3-③ 생각 멈추기 연습하기

먼저 눈을 감고 자신의 경험 중에서 즐겁고 행복했던 사건, 상처가 된 사건이나 화가 났던 일 등을 순서대로 떠올려 보고, 그때의 기분과 신체적 느낌은 어떠한지 생각해 보세요.
이제 눈을 떠 보세요. 생각 멈추기를 연습하기 위한 준비로 어떤 생각을 구체적으로 떠올리고 그때의 상태를 경험해 보는 연습을 하겠습니다.

* * *

생각 멈추기를 연습해 봅시다. 먼저, 가장 즐겁고 행복했던 일을 한 가지 생각해 놓으세요. 그리고 슬프고 기분 나빴던 일을 한 가지 생각해 놓고, 제가 지시할 때 머리에 떠올리세요.
시작합니다. 빨간색 종이를 제시할 때는 부정적인 생각을 떠올리고 잠시 후, '그만'이라는 말과 함께 초록색 종이를 제시하면, 그 생각을 멈추고 동시에 여러분들이 앞에서 생각해 둔 좋았던 일을 생각하시는 겁니다.

[4회기: 분노조절하기]

목표	• 분노조절 기법과 대처기술 익히기 • 화가 난 상황에서 자동적으로 나오는 비합리적 사고가 무엇인지 알기

활동과정	진행내용	소요 시간	준비물
도입	• 지난 시간 과제에 대해 나눠 본다. • 프로그램에 대한 소개를 한다.	10분	
전개	• 분노 응급처치 - 주먹을 꼭 쥔다. - 발가락을 움켜쥔다. - 어깨를 위로 으쓱한다. - 이를 깨문다. - 그대로 꾹 참는다. - "후~" 하고 내쉬면서 푼다. - 화난 생각까지 다 토해 낸다(3번 반복).	10분	
	• 부적절한 감정언어 표현 조절 연습하기 - 부적절한 감정언어 표현을 적절하게 고쳐 보기	20분	워크북 4-①
	• 생각 바꾸기 - 당위적인 생각 변화시키기 - 이분법적 생각 변화시키기 - 극단적인 생각 변화시키기	20분	워크북 4-②
	• 행동 변화시키기 - 분노조절을 할 수 있는 행동들은 어떤 방법들이 있는지 모색해 보기	20분	워크북 4-③
과제부여	• 생각 바꾸기 실천하기		
마무리	• 회기를 마친 후 느낌에 대해 공유하고 정리한다.	10분	

NOTE

☞ 워크북 4-① 부적절한 감정언어 표현조절 연습하기

(예) 병장 1명이 개인 사물함 캐비닛 정리 상태가 좋지 않아 간부에게 혼이 난 경우

"진짜 사람 미치게 한다." →

"정말 열 받게 한다." →

"속이 확 뒤집힌다." →

"정말 짜증 나서 군대 생활 못 하겠다." →

"미치고 환장하겠다." →

☞ 워크북 4-② 생각 바꾸기

당위적인 생각을 찾아보고 바꾸어 봅시다.	
이분법적 생각을 찾아보고 바꾸어 봅시다.	
극단적인 생각을 찾아보고 바꾸어 봅시다.	

☞ 워크북 | 4-③ 행동 변화시키기

구분	분노조절을 위해 할 수 있는 방법
1	예) 운동을 한다.
2	
3	
4	
5	
6	
7	
8	
9	
10	
11	
12	

[5회기: 호흡법과 심상법 활용하기]

목표	• 호흡법과 심상법에 대해 배워 실제 생활에서 이를 적용한다.

활동과정	진행내용	소요 시간	준비물
도입	• 지난 시간 과제에 대해 이야기를 나눈다. • 프로그램에 대한 소개를 한다.	10분	
전개	• 스트레스 대처방법 배우기 • 호흡법에 대해 배운다. - 스트레스를 경험할 때 빠르고 가쁜 호흡에서 느리고 깊은 호흡으로 바꾸는 기법이다. - 지도자가 편안한 마음으로 진행해 주는 게 좋다. - 여유를 가지고 반복적으로 호흡한다.	30분	워크북 5-①
	• 심상법에 대해 배운다. - 지도자가 여유를 가지고 단계마다 효과성을 높일 수 있도록 차분하게 진행한다. - 즐겁고 편안했던 경험을 머릿속에 떠올림으로써, 그때의 즐거웠던 기분을 재경험하게 하여 신체도 그때의 기분을 느끼게 한다.	25분	워크북 5-②
과제부여	• 일주일에 한 번 이상 명상으로 심리적 안정을 가진다. • 스트레스에 취약한 상황이 생길수록 호흡법을 한다.		
마무리	• 회기를 마친 후 느낌에 대해 공유하고 정리한다.	10분	

NOTE

☞ 워크북 5-① 호흡법 배우기

스트레스를 경험할 때의 빠르고 가쁜 호흡을 느리고 깊은 호흡으로 변하게 함으로써 긴장을 감소시키고 몸과 마음을 편하게 하는 기법이다.

1. 편안하게 앉거나 누워서 등, 목, 머리를 바르게 하고, 어깨에 힘을 빼고 손은 편안하게 내려놓는다.
2. 눈을 감고 자신의 호흡에 집중할 수 있도록 한다.
3. 4초간 숨을 들이마신 후 배꼽까지 내리고, 2초간 멈추었다가 4초간 천천히 내쉰다.
4. 평온하게 호흡하는 것만 생각하며 긴장이 사라질 때까지 반복한다.

자~ 마음을 편안히 안정시켜 보세요. 한 손은 가슴 위에, 다른 한 손은 배꼽 위에 놓고 편안하게 숨을 쉬어 보세요. 가슴 위에 놓은 손은 움직이지 않도록 하시고, 배 위에 놓은 손만 움직이도록 하면서 숨을 쉬어 보세요. 내쉬는 숨도 가능한 한 부드럽게 내쉬도록 합니다. 처음부터 너무 천천히 호흡하거나, 공기를 너무 많이 마시려고 하지 마시고 편안하게 숨을 들이쉬고 내쉬도록 해보세요.
배 위에 있는 손이 오르내리는 것에 집중해 봅니다. 숨을 들이쉴 때 마음속으로 하나 둘 셋을 세고 '아~ 나는 편안하다'라고 생각하면서 숨을 내쉬도록 해보세요. 처음부터 너무 천천히 호흡하려고 하지 마시고 규칙적으로 연습하는 것이 중요합니다.

☞ 워크북 5-② 심상법 배우기

심상법은 명료하게 기억해 낼 수 있는 즐겁고 편안했던 경험을 머릿속에 떠올림으로써, 그때의 즐거웠던 기분을 재경험하게 하여 신체도 그때의 기분을 느끼게 하는 것이다. 즉, 무서웠거나 화가 났던 사건을 기억하면 마치 그 사건이 일어난 것같이 불안하고 심장이 두근거리고, 반면 즐겁고 이완되었던 경험을 기억하면 마음이 편안해지고 신체도 이완된다.

1. 편안한 자세에서 눈을 감고 심호흡을 한다.
2. 자신의 경험 중 가장 이완되고 조용하고 행복했던 어떤 장소를 마음에 그린다. 단순히 떠올려 내 관찰하는 것이 아니라 생생하게 느끼도록 해야 한다.
   그 장면의 색깔이 무엇인지, 편안한 마음과 신선한 공기, 주위 사람들, 촉감, 소리 등 오감을 통한 경험을 느껴 본다.
3. 자신만의 독특한 방법으로 각자의 특별한 상황을 경험하고 즐길 수 있어야 한다.

4. 마음의 눈으로 본 것과 느낌들을 즐기며 심호흡을 하고 이완한다.

자~ 편안한 상태에서 두 눈을 감아 보세요. 손은 무릎 위에 편안히 두세요. 몇 분 후면 여러분의 몸이 점점 더 편안해질 겁니다. 여러분의 몸을 생각해 보세요. 호흡이 편안해지고, 조용해집니다. 더 깊고 편안히 이완되어 점점 더 아주 고요한 휴식상태로 들어가게 됩니다. 하나, 둘, 셋, 넷, 다섯, 아주 깊은 휴식 상태입니다.

편안한 이완 상태를 유지하면서 조용히 복식 호흡을 해보세요. 그리고 한번 상상해 보세요. '지금 이 순간 나에게 가장 편안한 장면이 떠오른 것은 무엇일까요?' 여러분들을 편안하게 만드는 것이라면 어떤 것이든지 상상해 보세요. 혹시 바닷가 모래밭에 따뜻한 햇살을 받으며 누워 계십니까? 부드럽고 따뜻한 모래가 느껴지고, 파도 소리가 들리실 겁니다. 파도가 밀려왔다가 부서지고 또 파도가 왔다가 부서집니다.

싱그러운 바다의 내음도 느껴집니다. 따뜻한 햇살이 온몸을 따뜻하게 합니다. 여러분이 편안하게 있는 것을 방해하는 것은 아무것도 없습니다. 이제 다섯에서 하나까지 세어 볼 건데요, 둘에 눈을 떠 주시고요. 하나를 셀 때는 평소의 각성상태로 돌아오게 됩니다.
다섯~, 넷~, 셋~, 둘~, 하나~.

심호흡을 하고 기지개를 켜세요.

NOTE

CHAPTER

5

미디어 중독치료 집단상담 프로그램

입대 전 인터넷이나 스마트폰, 게임 등에 중독되었거나 중독성향이 있는 것을 발견하게 되었을 때 군에서 이들을 어떻게 관리하고 치료할 것인가에 대한 연구는 아직까지 이루어지지 않고 있다. 각종 미디어에 중독되었거나 중독성향이 있는 장병들은 휴가 중이거나 외출·외박 시 장시간 미디어를 사용하고 있는 것으로 보고되고 있다. 따라서 입대 전 미디어에 중독되었거나 중독성향이 있는 장병들을 식별하여 군 자체적으로 치료할 수 있는 집단상담 프로그램을 제안해 보고자 한다. 군 장병에 대한 미디어 중독치료는 군 조직의 존재 목적과 특수성을 고려할 때 집단상담 방법이 가장 효율적일 수 있다. 학생들을 대상으로 미디어의 중독적인 사용으로 인해 발생하는 문제들에 대해 집단상담 프로그램을 개발한 연구들은 많이 이루어졌다. 그러나 군 장병들을 대상으로 한 집단상담 프로그램 연구는 아직까지 이루어지지 않고 있다. 김진희(2006)는 대학생을 대상으로 인터넷 중독치료 집단상담 프로그램을 적용하였는데, 여러 영역에서 인터넷의 사용 감소와 긍정적인 변화가 나타난 것으로 보고되었다. 따라서 본 프로그램은 이를 참고하여 군 장병들에게 적용 가능하도록 일부 프로그램을 수정 및 재구성하였다.

❙ 미디어 중독치료 집단상담 프로그램의 회기별 내용

구분	중점	세부내용
1회기	프로그램의 이해와 동기부여	집단상담 프로그램에 대한 이해와 동기를 부여한다.
2회기	시간관리와 자기통제	자신의 생활분석을 통해 자기 통제력을 향상시킨다.
3회기	스트레스 관리	스트레스와 미디어 사용과 관련된 스트레스 상황에 대해서 살펴본다.
4회기	자아탐색과 자존감 향상	자기존중감을 향상하기 위한 장기·중기·단기 목표를 작성한다.

[1회기: 프로그램의 이해 및 동기부여]

목표	• 집단상담 프로그램에 대한 이해와 동기를 부여한다. • 프로그램 참여자 소개를 하며 친밀감을 형성한다. • 인터넷의 의미에 대해 정의를 내린다.

활동과정	진행내용	소요시간	준비물
도입	• 프로그램 지도자가 자기소개를 한다. • 프로그램 참여에 대해 감사를 표시한다. • 프로그램을 설명한다. • 프로그램의 내용을 설명한다. • 서약서를 작성한다. • 프로그램 후 나타나는 효과를 제시해 준다.	10분	워크북 ☞ 1-①
전개	• 프로그램 참여자들을 소개한다. - 자신을 소개하고 별칭을 말한다. - 프로그램에 기대하는 것에 대해 말한다. - 다른 참여자들의 애칭을 불러 주며 박수로 환영한다. • 자신의 미디어 사용에 대한 경험을 발표한다. - 미디어 사용 시기, 사용시간에 대해 말한다. - 주로 즐겨 이용하는 서비스에 대해 말한다.	30분	워크북 ☞ 1-②

	• 미디어의 장점과 단점을 써 보고 발표한다. • 자신이 생각하는 미디어의 개념과 다른 프로그램 참여자가 생각하는 미디어 개념의 차이에 대해 인식한다. • 미디어 사용에 대해서도 차이가 존재함을 인식한다.	30분	워크북 ☞ 1-③
과제부여	• 자기행동관찰표 작성요령에 대해 설명하고, 과제를 부여한다.	5분	워크북 ☞ 1-④
마무리	• 회기를 마친 후 느낌을 공유하고 정리한다.	20분	

☞ 워크북 | 1-① 서약서 작성하기

서 약 서

우리의 만남은 미디어 중독치료 집단상담 프로그램을 통하여 새로운 변화와 발전을 목표로 만들어진 모임입니다. 우리는 이곳에서 한층 더 당당해지고 멋있어진 자신의 모습과 전우들의 모습을 보게 될 것입니다. 자신과 전우들의 모습을 알아 가면서 기쁠 수도 있겠지만 때로는 전우에게 실망하고 화가 나는 일도 생길 수 있습니다. 그러나 이 모임을 통해 더 나은 자신의 모습과 새로운 가능성을 만나게 될 것입니다. 보람 있고 즐거운 만남이 되기 위해 서로를 존중하는 우리의 약속을 정해 봅시다.

1. 내 마음에 있는 생각이나 느낌을 솔직하게 표현한다.
2. 전우들이 하는 말을 비판이나 편견 없이 있는 그대로 듣는다.
3. 여기서 나눈 이야기는 절대로 밖에서 말하지 않는다.
4. 전우가 이야기할 때에는 끼어들거나 방해하지 않고 잘 듣는다.
5. 집단모임 시간을 잘 지키고 성실히 집단활동에 참여한다.
6. 개인에게 부과된 과제는 성실히 수행한다.

_____년 ___월 ___일

이름: ____________ 서명: ____________

☞ 워크북 | 1-② 자기소개하기

나를 소개합니다!

1. 나의 별칭은? 이유는?

2. 내가 가장 잘하는 것은?

3. 내가 소중하게 생각하는 것은?

4. 내게 가장 행복했던 일은?

5. 내게 가장 슬펐던 일은?

6. 내가 가장 듣고 싶은 말은?

7. 집단상담 과정에서 변화되고 싶은 내 모습은?

8. 전우들이 말하는 수식어를 적고 제일 맘에 드는 것을 말해 보세요.

☞ 워크북 1-③ 나는 미디어를 이렇게 생각합니다.

구분	내용
장점	
단점	

☞ 워크북 1-④ 자기행동 관찰기록표(과거, 휴가, 외출·외박) 작성하기

구분	0월 0일	0월 0일	0월 0일	0월 0일	0월 0일
오전					
오후					
야간					

[2회기: 시간관리와 자기통제]

목표	• 자기행동 관찰표 분석을 통해 실제 미디어 사용시간을 확인한다. • 미디어 사용 시 나만의 습관을 이해하고 장점과 단점을 지각한다. • 미디어 사용 이외의 대안활동을 탐색한다. • 대안활동을 실행하면서 자기통제감을 형성한다.

활동과정	진행내용	소요시간	준비물
도입	• 프로그램 참여에 대해 지지를 한다. • 프로그램을 설명한다.	5분	연필 지우개
전개	• 자기행동 관찰표를 평가하여 분석한다. - 자신이 지각한 미디어 사용시간과 실제 사용시간에 차이가 있는지 비교한다. - 미디어의 사용을 저지당했을 때 어떤 반응을 보이는지 확인한다. - 미디어 사용 내용 영역별 비율을 분석한다.	20분	워크북 ☞ 1-④ ☞ 2-① ☞ 2-②
	• 미디어 사용의 나만의 습관과 인터넷 사용 때문에 줄어든 행동에 대해 적어 보고 발표한다.	20분	워크북 ☞ 2-③ ☞ 2-④ ☞ 2-⑤
	• 미디어를 사용하지 않았다면 무엇을 하고 있을 것인지에 대안활동에 대해 의견을 교환한다.		
	• 이전에 해야 하는 일임에도 불구하고 미디어 때문에 하지 못한 일이 있었는지 의견을 교환한다.	10분	워크북 ☞ 2-⑥
	• 제시된 여러 미디어 사용의 대안 중 실현 가능한 대안활동을 정하여 현실 가능성에 대해 분석한다. • 대안활동 실천계획을 발표하고 서로 지지 및 격려한다.		
과제부여	• 자신이 정한 대안활동을 실천한다. • 자기행동 관찰표를 작성한다.	5분	대안활동 작성하기
마무리	• 회기를 마친 후 느낌을 공유하고 정리한다.	5분	

NOTE

☞ 워크북 | 2-① 평상시의 느낌 찾아보기

정서 반응	행동적 반응
신경질이 난다.	바로 끈다.
화가 난다.	투덜거린다.
우울하다.	무시하고 계속 사용한다.
(많이 사용했다는)죄책감이 든다.	소리를 지른다.
후회감이 든다.	주위의 물건(마우스 등)을 던진다.
아쉽다.	폭력을 사용한다(발로 찬다, 때린다).
(사용할 만큼 했으므로)만족스럽다.	컴퓨터를 끄는 척한다.
아무런 감정이 없다.	조금 더 사용하겠다고 요구한다(조른다).
기타	기타

☞ 워크북 | 2-② 미디어를 이용하는 용도를 순서대로 3가지 이상 고르기

구분	1	2	3	4	5	6
내용						

예) 웹서핑, 온라인 쇼핑, SNS, 동호회, 정보검색, 메신저/채팅, 메일 확인하기, 게임, 홈페이지 관리, MP3나 영화다운로드, 기타

☞ 워크북 | 2-③ 미디어 사용에 있어서 나만의 습관 알아보기

예) 하루 중 언제 시작하는지…

☞ 워크북 | 2-④ 미디어 사용 때문에 줄어든 활동에 대해 적어 보기

예) 잠자기, 식사하기, 책읽기, 집안일하기, 친구 만나기, 운동하기, 가족과 대화 등

☞ 워크북 | 2-⑤ 미디어 없이 할 수 있는 활동들을 적어 보기

☞ 워크북 | 2-⑥ 가장 하고 싶은 활동을 하나 골라서 실행해 보기

어떤 종류의 활동인가요?	언제 실행해 볼까요?	생길 수 있는 문제가 무엇일까요?	어떻게 극복할까요?

[3회기: 스트레스 관리]

목표	• 스트레스와 인터넷 사용의 관련성을 이해한다. • 스트레스에 대한 긍정적인 대처능력을 향상시킨다.

활동과정	진행내용	소요 시간	준비물
도입	• 대안활동에 대한 실천에 대해 경험을 나눈다. • 프로그램을 설명한다.	5분	
전개	• 스트레스 경험을 발표한다. - 미디어와 관련된 스트레스 상황을 체크해 본다.	15분	워크북 ☞ 3-①
	• 스트레스 반응과 스트레스 극복경험을 나눈다. - 미디어와 관련된 스트레스 사건을 알아본다.	20분	워크북 ☞ 3-②
	• 미디어 사용과 스트레스와의 관련성을 이해한다.	25분	워크북 ☞ 3-③
	• 스트레스 상황에 따른 부정적 행동과 정서를 긍정적 생각과 대안활동으로 바꾸는 연습을 한다.		
	• 근육이완법에 대해 연습한다. • 스트레스 상황에서 적용할 수 있는 방법 한 가지를 정하고 실천할 수 있도록 격려한다.		
과제부여	• 자신이 정한 바람직한 스트레스 대처방법을 실천한다.	5분	
마무리	• 회기를 마친 후 느낌을 공유하고 정리한다.	5분	

NOTE

☞ 워크북 3-① 미디어와 관련된 스트레스 상황 체크해 보기

문항	내용
1	인터넷 속도가 느릴 때.
2	
3	
4	
5	

☞ 워크북 3-② 미디어와 관련된 스트레스 사건 알아보기

스트레스 상황	부정적 생각	부정적 행동/정서	긍정적 생각	대안적 행동
부모님은 공부가 최고라고 나에게 매일 공부할 것을 강요한다.	나는 공부를 못하기 때문에 부모님이 나를 무시하는 것이다.	부모님께 화를 낸다.	부모님에게 나는 가치가 있다.	부모님의 행동에 '맘이 상했다'라고 솔직하게 이야기한다.

☞ 워크북 | 3-③ 근육이완 기법

스트레스와 분노를 경험할 때 신체 각 부위의 근육을 이완하여 신체적인 스트레스와 분노 반응들을 감소시킨다. 근육의 긴장과 이완을 반복함으로써 근육이 이완되었을 때의 편안함을 경험하게 하여 심신의 안정과 평온을 되찾게 한다.

1. 편안한 자세를 취하고 신체를 조이는 물건이나 옷 등은 느슨하게 한다.
2. 심호흡을 하고 마음을 편하게 가진다.
3. 6초간 신체의 특정부위를 긴장시키고, 8초간 이완한다.
4. 몸 전체가 완전히 이완될 때까지 신체 각 부위를 나누어 반복한다. 충분한 시간을 가지고 시행해야 한다.

편안한 마음으로 편안한 자세를 취합니다. 자~ 눈을 감고 깊이, 부드럽게 복식 호흡을 해보세요. 이제부터 근육을 이완시키는 연습을 하겠습니다. 오른손 주먹을 꼭 쥐고 손의 근육을 긴장시켜 보겠습니다. 이제 오른손의 근육을 이완시키고 근육을 긴장시켰을 때와 편안히 이완시켰을 때의 느낌을 비교해 보세요.

이번엔 왼손을 주먹을 꼭 쥐어서 근육을 긴장시켜 보세요. 다시 왼손의 근육을 이완시키고 근육을 긴장시켰을 때와 이완시켰을 때의 느낌이 어떻게 다른지 비교해 보세요. 오른쪽 팔입니다. 팔을 들어 굽히고 팔의 근육에 힘을 주어 보세요. 오른쪽 팔 근육을 편안히 풀어 주고, 긴장시켰을 때와 이완시켰을 때의 느낌을 비교해 보세요. 같은 방식으로 왼쪽 팔 근육을 긴장시켜 보세요.

자, 이제 편안히 이완시키고 왼쪽 팔 근육을 긴장시켰을 때와 이완시켰을 때가 어떻게 다른지 비교해 보세요. 이제 오른쪽 발과 다리의 근육을 긴장시킵니다. 오른쪽 다리를 들고 발끝을 쭉 뻗어 보세요. 발과 다리의 근육에 힘이 들어가고 긴장되는 것을 느껴야 합니다. 이제 편안히 풀고, 근육이 긴장되었을 때와 이완시켰을 때를 비교해 보세요.

같은 방식으로 왼쪽 발과 다리의 근육을 긴장시켜 보세요. 이제 편안히 이완시키고 긴장되었을 때와 이완시켰을 때를 비교해 보세요. 이번에는 양 허벅지 근육을 긴장시켜 보세요.
두 다리를 모아 들고, 허벅지를 서로 맞닿게 눌러 주시고 근육의 긴장을 느껴 보세요. 이제 편안하게 풀고, 다리가 긴장되었을 때와 이완시켰을 때를 비교해 보세요. 이제 아랫배의 근육을 긴장시킵니다. 아랫배를 들여보낸 채로, 가만히 유지해 보세요.

이제 편안하게 이완해 주세요. 그리고 근육이 긴장되었을 때와 이완시켰을 때를 비교해 보세요. 이제 가슴의 근육을 긴장시킵니다. 깊이 숨을 들이쉰 다음, 멈추세요. 숨을 내쉬면서 편안하게 이완시켜 봅니다. 가슴의 근육이 긴장되었을 때와 이완시켜 보았을 때의 차이를 느껴 봅니다.

점점 이완이 깊어 가면서 자신의 호흡을 자세히 관찰해 보세요. 규칙적으로 호흡하고 계십니다. 한 번 들이쉴 때마다 이완이 깊어지고 있습니다. 한 번 내쉴 때마다 편안한 이완의 느낌이 온몸 가득 퍼집니다. 이제 어깨를 긴장시킵니다. 어깨와 목을 올려 귀까지 닿도록 해보세요. 거북이가 머리를 감추려고 하는 것처럼 머리와 목이 어깨 안으로 들어갈 정도로 움츠려 보세요. 어깨가 올라가는 느낌이 어떤가요? 이제 어깨 근육을 이완시키고, 근육을 긴장시켰을 때와 이완된 상태를 비교해 보세요.

이번에는 입술을 긴장시켜 봅니다. 입을 꼭 다물어 보세요. 편안하게 이완해 보시고 긴장되었을 때와 이완시켰을 때의 차이를 비교해 보세요. 자~ 눈의 근육을 긴장시켜 보세요. 눈을 꼭 감아 보세요. 편안하게 눈의 근육을 풀어 주시면서 긴장시켰을 때와 이완시켰을 때를 비교해 보세요. 이번에는 아래 이마를 긴장시켜 보겠습니다. 양 눈썹을 모으고 미간을 찌푸려 보세요. 이제 편안히 이마 근육을 풀어 주면서 긴장시켰을 때와 이완시켰을 때를 비교해 보세요. 위 이마를 긴장시킵니다. 눈썹을 위로 올려서 이마에 큰 주름을 만들어 보세요. 편안하게 풀어 주면서. 위 이마의 근육이 긴장되었을 때와 풀어졌을 때를 비교해 보세요. 몸을 편안히 하고, 마음속으로 '나는 편안하다'하고 생각해 보세요.

NOTE

[4회기: 자아탐색과 자존감 향상]

목표	• 자신의 장점과 단점을 인식한다. • 자신의 단점을 다른 참가자들이 긍정적으로 바꾸는 활동을 통해 자존감을 향상시킨다. • 인생의 장기·중기·단기 목표를 작성한다.

활동과정	진행내용	소요 시간	준비물
도입	• 올바른 의사소통기술에 대해 경험을 나눈다. • 프로그램을 설명한다.	5분	
전개	• 자신의 장점과 단점을 탐색한다. • 각자의 단점에 대해 참여자들이 긍정적인 방향으로 바꾸어 피드백을 주고받게 한다. • 발견하지 못한 장점에 대해 말해 준다.	20분	워크북 ☞ 4-① ☞ 4-②
	• 장기·중기·단기 목표를 작성한다.	20분	워크북 ☞ 4-③
	• 목표 달성을 위해 고쳐야 할 점이 무엇인지 의견을 교환한다.	20분	
	• 미디어 사용에 대한 참가자들의 계획을 발표한다. - 자신이 정한 목표를 선서문의 형식으로 발표한다.		
	• 프로그램 참여를 통해 변화된 모습에 대해 발표한다. - 미디어 사용과 관련된 변화에 대한 의견 - 미디어 사용 조절을 위해 할 수 있는 방법을 말해 본다.	25분	워크북 ☞ 4-④ ☞ 4-⑤
과제부여	• 자기에게 편지 쓰기	5분	워크북 ☞ 4-⑥
마무리	• 프로그램에 대한 평가와 마무리를 한다.	10분	

NOTE

☞ 워크북 | 4-① 자신의 장점과 단점 알아보기

장점	
단점	

☞ 워크북 | 4-② 나의 부정적 생각을 긍정적으로 바꾸어 보기

부정적인 생각	긍정적인 생각

☞ 워크북 | 4-③ 목표 세우기

목표의 4가지 유형	내용
1. 장기 목표(10~20년 이상)	
2. 중기 목표(3~5년)	
3. 단기 목표(6개월~1년)	
4. 주간 및 일일 목표	

목표 세우기 원리	내용
1. 장기적인 목표(10~20년 후)를 생각한다.	
2. 중기(3~5년 후) 및 단기(3개월~1년) 목표를 생각한다.	
3. 장기 목표와 단기 목표 간의 연관성을 생각해 둔다.	
4. 현실성이 있어야 한다.	
5. 구체적으로 평가할 수 있는 목표행동이 있어야 한다.	
6. 종료일을 정한다.	
7. 목표에 융통성을 가진다.	

☞ 워크북 4-④ 프로그램을 통한 나의 변화 알아보기

☞ 워크북 4-⑤ 미디어 사용 조절을 위한 방법 알아보기

☞ 워크북 | 4-⑥ 나에게 보내는 글을 써 보기

CHAPTER 6

진로지도 집단상담 프로그램

진로지도 군 집단상담 프로그램은 다양하고 새로운 진로정보를 제공하여 장병들이 진로를 탐색하는 데 도움을 주고, 진로발달과 진로역량을 증진시켜 제대 후 진로를 디자인하는 데 목표를 둔다. 진로지도 집단상담은 진로문제의 유형에 따라 짧게는 5회기에서부터 길게는 10회기 이상으로 진행할 수 있다. 본 장에서는 일반적이고 기초적인 모형을 제안한다는 측면에서 '병영생활 전문상담관 운영 및 매뉴얼 개발 연구'와 교육부에서 제공한 '진로교육 프로그램'을 참고하였다.

이 진로지도 집단상담 프로그램은 군 장병뿐만 아니라 군 교육기관, 학군협약 대학교에서도 활용할 수 있도록 내용과 회기를 일부 수정하여 재구성하였다. 따라서 군부대에서 이를 적용할 때에는 5회기 내용을 모두 활용할 수 있으며, 학군협약 대학교 군사학과나 부사관과 간부 후보생 또는 사관생도들에게 5회기 내용을 모두 적용하는 것이 제한될 경우에는 회기를 선별하여 적용한다든가 아니면 회기를 통합하여 적용해도 무방하다.

▌진로지도 집단상담 프로그램의 회기별 내용

구분	중점	세부내용
1회기	프로그램 소개와 동기부여	자신에 대한 성찰을 통하여 자기존중감을 강화하고 긍정적 자기개념을 형성한다.
2회기	자기와 타인 이해	자기 평가와 타인 평가를 종합하여 자신의 장단점과 능력을 평가한다.
3회기	일과 직업세계의 이해	직업세계의 다양함과 역동적인 변화 속에 사회가 필요로 하는 직업을 탐색하도록 유도한다.
4회기	건강한 직업의식 형성	자신의 희망 직업에서 요구되는 직업윤리와 그 중요성에 대해 이해한다.
5회기	희망직업 탐색과 목표 설정	다양한 정보를 통해 희망직업의 경로와 교육 훈련 방안을 탐색하고 목표 달성을 위한 구체적인 실천사항을 수립한다.

[1회기: 프로그램 소개와 동기부여]

목표	• 진로지도 프로그램에 대한 이해와 장병들의 친밀감을 형성한다. • 자신에 대한 성찰을 통하여 자기존중감을 강화한다. • 긍정적 자기개념을 형성한다.

활동과정	진행내용	소요시간	준비물
도입	• 진로지도 프로그램의 참여자를 환영한다. • 2인 1조로 자기를 소개한다.	5분	명찰 필기도구 조용한음악
	• 프로그램의 목적, 일정, 유의사항에 대하여 안내한나. • 서약서를 작성한다.	5분	워크북 ☞ 1-①
전개	• 3분간 조용하게 자신에 대해 생각해 본 후 상징물(사물이나 자연 등)을 활용하여 자신을 표현한다.	10분	
	• 나의 장점 소개하기 - 장점에 대한 간단한 설명을 한다. - 나의 장점을 다섯 가지 이상 적어 본다.	10분	워크북 ☞ 1-②

	- 본인이 적은 장점을 집단원 앞에서 발표한다. - 내가 만약 신입사원을 채용하는 인사담당자라면 나의 장점이나 특징 가운데 어떤 것을 가장 원할지 그리고 그 이유는 무엇일지 생각해 본다.		
	• 이미지 콜라주 만들기 - 신문이나 잡지에서 자신에게 적합한 긍정적인 이미지를 오려 붙인다.	20분	워크북 ☞ 1-③
	• 나 광고 만들기 - 집단원 각자의 광고를 집단원 앞에서 발표하고 피드백한다.	20분	워크북 ☞ 1-④
마무리	• 다음 회기 목표 및 활동주제에 대하여 설명하고, 과제를 부여한다.	5분	
	• 회기를 마친 후 느낌에 대해 공유하고 정리한다.	5분	

☞ 워크북 | 1-① 서약서 작성하기

서 약 서

우리의 만남은 진로지도 집단상담 프로그램을 통하여 새로운 변화와 발전을 목표로 만들어진 모임입니다. 우리는 이곳에서 한층 더 당당해지고 멋있어진 자신의 모습과 전우들의 모습을 보게 될 것입니다. 자신과 전우들의 모습을 알아 가면서 기쁠 수도 있겠지만 때로는 전우에게 실망하고 화가 나는 일도 생길 수 있습니다. 그러나 이 모임을 통해 더 나은 자신의 모습과 새로운 가능성을 만나게 될 것입니다. 보람 있고 즐거운 만남이 되기 위해 서로를 존중하는 우리의 약속을 정해 봅시다.

1. 내 마음에 있는 생각이나 느낌을 솔직하게 표현한다.
2. 전우들이 하는 말을 비판이나 편견 없이 있는 그대로 듣는다.
3. 여기서 나눈 이야기는 절대로 밖에서 말하지 않는다.
4. 전우가 이야기할 때에는 끼어들거나 방해하지 않고 잘 듣는다.
5. 집단모임 시간을 잘 지키고 성실히 집단활동에 참여한다.
6. 개인에게 부과된 과제는 성실히 수행한다.

_____년 ___월 ___일　이름: ____________　서명: ____________

☞ 워크북 | 1-② 나의 장점 찾고 소개하기

1. 나의 장점을 다섯 개 이상 적어 본다.

2. 만약 내가 신입사원을 채용하는 인사담당자라면, 나의 강점이나 특징 가운데 어떤 것을 가장 원할지 그리고 그 이유는 무엇일지 생각해 본다.

☞ 워크북 | 1-③ 이미지 콜라주 만들기

아래의 항목을 참고하여 신문, 잡지 등에서 나를 반영하는 긍정적인 이미지를 잘라 붙여 본다.

1. 특성(행복, 조용함, 활발함 등)

2. 흥미(취미, 영화, 스포츠, 음식, 컴퓨터, 밴드 등)

3. 기술 / 강점 / 능력(컴퓨터 사용, 높은 목표 등)

4. 다른 사람과 일하는 능력 (의사결정을 잘 함, 문제해결을 잘 함 등)

5. 외모(단정함 등)

6. 업무 습관(믿을 수 있음, 정직, 시간을 잘 지킴, 신속함 등)

☞ 워크북 | 1-④ 나 광고 만들기

모임에서 자신을 소개하고 홍보한다고 생각하고 나에 대한 광고를 만들어 본다.

1. 어떤 상황에서 자신을 광고하는 것인지를 먼저 생각한다.
2. 간결하고 정확한 단어를 써서 자신에 대한 광고 문구를 만들어 본다.
3. 캐릭터 등을 활용하여 광고에 맞는 이미지를 그려 본다.

[2회기: 자기와 타인 이해]

목표	• 자기 평가와 타인 평가를 종합하여 자신의 장단점과 능력을 평가할 수 있다. • 자신의 장점을 발전시키고 단점을 보완하는 방법을 찾아 노력한다.

활동과정	진행내용	소요시간	준비물
도입	• 집단원의 안부를 묻고 상태를 점검한다. • 프로그램을 설명한다.	5분	A4 용지 필기도구
전개	• '내가 보는 나'와 '다른 사람이 보는 나'를 알아보기 - 워크북 2-①에 자신의 특성을 적어 보고 스티커를 활용하여 각 특성에 대해 스스로 점수를 매겨 본다. - 위에 산정한 점수에 따라 각기 어떻게 다른지 나와 다른 사람의 판단을 비교해 본다.	20분	워크북 ☞ 2-①
	• 장단점 마인드맵 그리기 - 자신의 장점과 단점을 적고 장점은 발전시키고 단점을 보완할 수 있는 방법을 마인드맵으로 그려 본다. - 가운데 원에 자신이 희망하는 미래 모습을 표현할 수 있는 내용을 써 본다. - 왼쪽에 장점을 적고 발전시킬 수 있는 방법이나 계획을 써 본다. 오른쪽에 단점을 적고 보완할 수 있는 방법이나 계획을 써 본다.	30분	워크북 ☞ 2-②
	• 내가 가지고 싶은 장점 찾기 - 주변 사람의 장점을 알아보고 각자 가지고 싶은 장점들을 찾아본다. - 그들이 가진 장점을 배우기 위해 각자 노력할 점을 알아본다.	20분	워크북 ☞ 2-③
	• 진로적성 워크북 작성하기 - 자신이 어떠한 활동에 소질이 있는지 진로적성 활동지를 보고 작성해 본다. - 가장 높게 나온 영역과 관련 있는 직업은 무엇인지 탐색해 본다.	25분	워크북 ☞ 2-④
마무리	• 직업 적성 검사 사이트를 이용하여 자신의 직업 적성을 알아보는 과제를 부여한다. 커리어넷 직업 탐색은 '커리어넷 미래의 직업세계'를 이용한다(www.career.go.kr).	10분	

☞ 워크북 | 2-① 내가 보는 나와 다른 사람이 보는 나 알아보기

1. 내가 보는 '나' 알아보기

① 스티커를 활용하여 각 특성에 대해 스스로 점수를 매긴다.
(매우 좋음 ☆☆☆☆, 좋음 ☆☆☆, 보통 ☆☆, 개발이 필요함 ☆)

* 필요한 것이 있으면 자신이 추가하기

특성	나의 점수	특성	나의 점수
정직함		협동심	
남의 이야기 잘 들어줌		책임감이 있음	
상식이 풍부함		단체생활을 즐김	
낙천적임		스포츠를 좋아함	
재미있음		솔선수범	
외모		다른 사람을 도움	
정돈을 잘함			

② 위의 점수에 따라 각 개성을 등급별로 아래 칸에 나누어 적어 본다.

☆☆☆☆(매우 좋음)	
☆☆☆(좋음)	
☆☆(보통)	
☆(개발이 필요함)	

2. 다른 사람이 보는 '나' 알아보기

① 자기를 잘 알고 있다고 생각하는 집단원에게 내가 가진 각 특성에 대해 점수를 매긴다.

특성	나의 점수	특성	나의 점수
정직함		협동심	
남의 이야기 잘 들어줌		책임감이 있음	
상식이 풍부함		단체생활을 즐김	
낙천적임		스포츠를 좋아함	
재미있음		솔선수범	
외모		다른 사람을 도움	
정돈을 잘함			

② 위의 점수에 따라 각 개성을 등급별로 아래 칸에 나누어 적어 본다.

☆☆☆☆(매우 좋음)	
☆☆☆(좋음)	
☆☆(보통)	
☆(개발이 필요함)	

3. 나의 판단과 다른 사람의 판단 비교해 보기

구분	특성
나의 판단과 가족 / 친구의 판단 점수가 일치하는 특성	
나의 판단에 비해 가족 / 친구의 판단 점수가 낮은 특성	
나의 판단에 비해 가족 / 친구의 판단 점수가 높은 특성	

4. ☆☆☆☆와 ☆ 특성 정리하기

구분	특성
내가 판단한 (☆☆☆☆)	
집단원이 판단한 (☆☆☆☆)	
내가 판단한 (☆)	
가족/친구가 판단한 (☆)	

5. 활동 소감 쓰기

☞ 워크북 | 2-② 장점 단점 마인드 맵 그리기

나의 장점과 단점을 적고 장점은 발전시키되 단점은 보완할 수 있는 방법을 마인드맵으로 그려 본다.

1. 가운데 원에 자신이 희망하는 미래의 모습을 표현할 수 있는 내용을 써 본다.
2. 왼쪽에 장점을 적고 발전시킬 수 있는 방법이나 계획을 써 본다.
3. 오른쪽에 단점을 적고 보완할 수 있는 방법이나 계획을 써 본다.

장점 단점

발전계획

보완계획

1.

1.

2.

나

2.

3.

3.

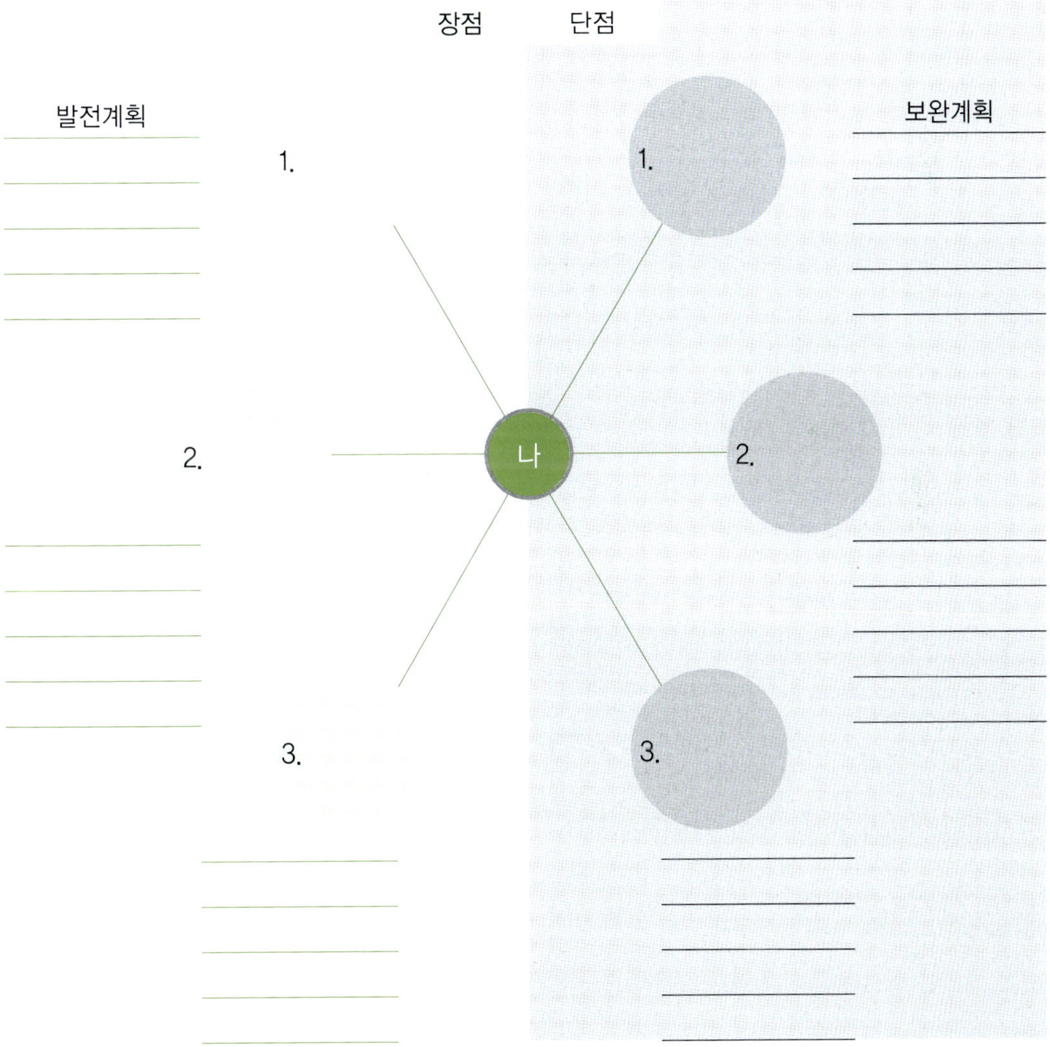

☞ 워크북 | 2-③ 내가 가지고 싶은 장점 찾기

주변사람들의 장점을 알아보고 내가 가지고 싶은 장점들을 찾아본다.
또한 그들이 가진 장점을 배우기 위해 내가 노력할 점을 알아본다.

구분	내가 가지고 싶은 장점	노력할 점
예시) 동료 최민기	• 목소리가 밝고 또렷하다. • 눈을 응시하며 이야기를 잘 들어준다.	• ( ) 연습을 한다. • ( ) 운동을 매일 아침 해본다. • 책을 또박또박 끊어 읽는다. • 공감 능력을 기른다.
나의 아버지	• 항상 일찍 일어나시고 부지런한 생활 습관을 가지고 있다.	• 아침에 알람을 맞춰둔다. • 정해진 기상시간에 일어날 때 • 나 자신에게 보상을 해준다. • 할 일을 미루지 않는다.

☞ 워크북 | 2-④ 진로 적성 워크북 작성하기

다음은 여러분이 어떠한 활동에 소질이 있는지 알아보기 위한 검사지입니다.
'전혀 그렇지 않다' 1점, '별로 그렇지 않다' 2점, '보통이다' 3점, '대체로 그렇다' 4점, '매우 그렇다' 5점입니다(해당 점수에 표시한 후 더하여 아래 종합 칸에 기입한다).

영역	문항	1	2	3	4	5
신체·운동	1. 운동장 세 바퀴를 중간에 멈추지 않고 달릴 수 있다.					
	2. 처음으로 시범 보이는 동작을 잘 따라 할 수 있다.					
	3. 피구를 할 때 아주 빠르게 던지는 공을 피할 수 있다.					
공간·시각	4. 짧은 시간 안에 사물의 특징이 잘 나타나게 그릴 수 있다.					
	5. 종이접기나 로봇조립을 할 때 그림 설명서를 잘 이해한다.					
	6. 가구나 물건을 옮겨서 보기 좋고 편리하게 배치할 수 있다.					
음악	7. 처음 듣는 노래도 음의 높낮이와 장단에 맞게 부를 수 있다.					
	8. 악기로 간단한 곡을 잘 연주할 수 있다.					
	9. 음악에 푹 빠져서 감상하는 것을 좋아한다.					
언어	10. 글을 통해서 느낌이나 주장을 잘 표현할 수 있다.					
	11. 말이나 글의 중심 내용을 잘 이해할 수 있다.					
	12. 의견이나 기분을 상대방에게 말로 잘 전달할 수 있다.					
수리·논리	13. 설명을 들으면 혼자 수학문제를 푸는 데 별 어려움이 없다.					
	14. 수학 문제를 파악하고 다양한 방법으로 답을 구할 수 있다.					
	15. 복잡한 계산도 정확하게 할 수 있다.					
자기성찰	16. 쉽게 화내지 않으며 화가 나더라도 잘 누그러뜨릴 수 있다.					
	17. 잘못된 일에 대해서 내 책임을 인정하는 편이다.					
	18. 목표 설정과 계획을 수립하여 실천하는 일이 쉽다.					
대인관계	19. 친구의 어려운 사정을 들으면 마음이 아프다.					
	20. 처음 만나는 사람과도 금방 편하게 이야기할 수 있다.					
	21. 한번 사귄 친구와 오랫동안 친구로 지낸다.					
자연친화	22. 평소에 동물에 관한 프로그램이나 글을 관심 있게 본다.					
	23. 식물을 잘 보살피며 내가 돌보는 식물은 잘 자라는 편이다.					
	24. 환경보호를 위하여 일상생활에서 실천하고 있다.					

적성	신체·운동능력	공간·시각능력	음악능력	언어능력	수리·논리력	자기성찰 능력	대인관계 능력	자연 친화력
점수								

[3회기: 일과 직업세계의 이해]

목표	• 미래 사회에 대한 전망 속에서 자신이 갖추어야 할 자격과 전공의 변화를 예측할 수 있게 한다. • 일과 직업세계의 변화에 대해 관심과 능동적인 태도를 가질 수 있게 한다. • 자신이 필요로 하는 직업을 탐색하도록 한다.

활동과정	진행내용	소요시간	준비물
도입	• 프로그램을 설명한다.	10분	
전개	• 직업에서 연상되는 느낌 알아보기 - '직업' 하면 떠오르는 단어를 써 본다. - 연상되는 단어를 모아 보고 바람직한 직업태도에 대하여 토론한다.	15분	워크북 ☞ 3-①
	• 나의 직업인식 수준 알아보기 - 한국직업능력개발원의 『50가지 직업정보를 찾아보자』를 활용하여 직업인식 수준을 알아본다. - 나의 지식 수준에 따라 직업을 분류해 보고 관심 직업을 적어 본다.	30분	워크북 ☞ 3-②
	• 기술 변화와 일자리 변화 알아보기 - 기술 변화로 편리한 생활을 누리게 되었는데 그로 인한 일자리의 변화가 어떠할지 생각해 보고 기술 변화에 따라 줄어들 일자리와 늘어날 일자리를 생각해 본다. - 집단구성원들과 함께 자신이 생각하고 적은 내용을 나누어 본다.	30분	워크북 ☞ 3-③
마무리	• 활동을 통해 새롭게 알게 된 점에 대해 느낌을 공유하고 피드백을 받는다.	10분	

NOTE

☞ 워크북 | 3-① 직업에서 연상되는 느낌 알아보기

1. '직업' 하면 떠오르는 단어를 써 본다.

2. 연상되는 단어를 모아 보고 바람직한 직업태도에 대하여 토론해 본다.

☞ 워크북 | 3-② 나의 직업 인식 수준 알아보기

1. 한국직업능력개발원의 『50가지 직업 정보를 찾아보자』를 활용하여 나의 직업인식 수준을 알아본다.

직업 분류		직업명	잘 안다	아는 편이다	잘 모른다	모른다
01	관리·경영 금융·영업	호텔지배인				
		카피라이터				
		바이어(중개인)				
		펀드매니저				
		정보통신기술영업원				
		보석평가사				
02	교육·연구 문화·예술	특수교사				
		학예사				
		기자				
		화가				
		애니메이터				
		방송PD				
		생명공학자				
		인테리어디자이너				
		캐릭터디자이너				
		촬영기사				
		연기자				
03	법률·보건 사회복지·군인	변호사				
		한의사				
		의사				
		간호사				
		직업군인				
		경찰관				
		수의사				
		응급구조사				
		사회복지사				

04	전기·전자 정보통신	전자공학기술자				
		컴퓨터보안전문가				
		정보기술컨설턴트				
		컴퓨터프로그래머				
		데이터베이스관리자				
05	건설·기계 재료·화학	건축설계사				
		항공기정비원				
		화학공학기술자				
		조경기술자				
		기계공학기술자				
		재료공학기술자				
		측량사				
06	운송·식품 환경	항공기조종사				
		환경공학기술자				
		제빵제과기술자				
		식품공학기술자				
07	음식·미용 숙박·경비 농림/어업	바텐더				
		특수분장사				
		요리사				
		경호원				
		피부미용사				
		화훼장식기능사				
		직업운동선수				
		육묘, 화훼작물 재배자				

2. 나의 지식 수준에 따라 직업을 분류해 보고 관심직업을 적어 본다.

구분	직업 수	관심직업명
잘 안다(직업내용과 직업준비 방법을 잘 알고 있음)		
아는 편이다(직업의 이름과 무슨 일을 하는지는 알지만 이 직업의 준비 방법을 모름)		
잘 모른다(이름과 하는 일은 알지만 준비 방법을 모름)		
모른다(처음 듣는 직업)		

☞ 워크북 | 3-③ 기술 변화와 일자리 변화 알아보기

기술의 변화로 우리들은 편리한 생활을 누릴 수 있다. 직업이나 일의 관점에서 일자리가 늘어날지 줄어들지를 판단해 본다. 그리고 기술변화에 따라서 줄어들 일자리와 늘어날 일자리를 생각해 본다.

* 필요한 것이 있으면 자신이 추가하기

기술의 변화	일자리 증가 여부 늘어난다(○) 줄어든다(X) 모르겠다(△)	줄어들 일자리나 직업은 무엇일까?	늘어날 일자리나 직업은 무엇일까?
인터넷 쇼핑			
무인주차 카드기			
텔레뱅킹			
자동세탁기			
스마트폰			
바코드			
전자책 (e-book)			
기타			

[4회기: 건강한 직업의식 형성]

목표	• 자신의 희망 직업에서 요구되는 직업윤리와 그 중요성에 대해 이해한다. • 모든 직업에 공통적으로 적용되는 근로자의 권리를 이해한다. • 해당 직업에서 정당한 대우를 받는 것의 중요성을 파악한다.

활동과정	진행내용	소요시간	준비물
도입	• 지난 회기의 직업적성에 대한 이야기를 나눈다. • 프로그램을 소개한다.	10분	
전개	• 직업윤리 생각해 보기 - 자신이 원하는 직업이 있다면 그 직업에는 어떤 직업윤리가 필요한지 생각해 보고 그 이유는 무엇인지 토론해 본다.	20분	워크북 ☞ 4-①
	• 나의 직업윤리 수준 진단하기 - 워크북 4-②를 보고 자신의 직업윤리 수준을 진단해 본다. - 각자 응답한 점수를 합산하여 직업윤리 수준을 파악해 보고 느낌을 나눈다.	40분	워크북 ☞ 4-②
	• 직업윤리 갈등상황에 대처하기 - 워크북 4-③에 각 상황 설명을 읽고 자신이라면 어떻게 행동할 것인지 생각해 보고 집단원들과 논의하여 가장 바람직한 해결방법을 찾아본다.	30분	워크북 ☞ 4-③
마무리	• 오늘의 활동을 통해 느낀 점을 집단원과 나눈다.	10분	

NOTE

☞ 워크북 | 4-① 직업윤리 생각해 보기

내가 원하는 직업이 있다면, 그 직업에서는 어떤 직업윤리가 필요할까?
그리고 그 이유는 무엇인지 생각해 본다.

예시) 심리상담사의 직업윤리

정보의 보호

- 심리상담사는 사생활과 비밀유지에 대한 내담자의 권리를 최대한 존중해야 할 의무가 있다.
- 심리상담사는 녹음 및 기록에 관해 내담자의 동의를 구한다.
- 내담자의 생명이나 사회의 안전을 위협하는 경우가 발생한 경우에 한하여 내담자의 동의 없이도 내담자에 대한 정보를 관련 전문인이나 사회에 알릴 수 있다. 이런 경우 상담 시작 전에 이러한 비밀보호의 한계를 알려 준다.

1. 나의 희망직업이나 관심직업은 무엇인가?	
2. 이 직업에 필요한 직업윤리는 무엇일까?	
3. 이 직업에 따르는 책임은 무엇일까?	

☞ 워크북 | 4-② 나의 직업윤리 수준 진단하기

1. 나의 직업윤리 수준을 진단해 본다.

항목	내용		1점	2점	3점	4점	5점
1	남이 안 볼 때도 교통질서, 공중도덕을 잘 지킨다.		1	2	3	4	5
2	앞으로 직장생활을 할 때 거래처로부터 향응이나 선물을 받지 않을 것이다.		1	2	3	4	5
3	과식, 과소비하지 않으며 절제와 근검절약을 생활화하고 있다.		1	2	3	4	5
4	불의나 비행을 보면 방관하지 않고 용기 있게 대처한다.		1	2	3	4	5
5	공과 사를 분명히 하고 업무 수행 시 사적 감정을 엄격히 배제하도록 한다.		1	2	3	4	5
6	자신보다 낮은 위치에 있는 거래처라도 기본적인 예의를 갖추고 대우할 것이다.		1	2	3	4	5
7	나 혹은 회사에 이익이 되더라도 사회에 나쁜 영향을 끼치거나 법, 윤리, 도덕에 어긋나는 것은 하지 않을 것이다.		1	2	3	4	5
8	고객이 부당한 요구를 하더라도 손님은 왕이라고 주장하는 것은 타당하지 못하다.		1	2	3	4	5
9	의사결정 시에는 고객, 안전, 환경을 먼저 생각한다.		1	2	3	4	5
10	부당한 방법이나 편법을 동원한 경쟁은 절대 하지 않을 것이다.		1	2	3	4	5
11	지금 하고 있는 일에 자부심을 갖고 최선을 다한다.		1	2	3	4	5
12	상사(회사)의 요구에 잘못이 있을 때에는 자신의 생각을 분명히 말할 수 있다고 생각한다.		1	2	3	4	5
13	어떤 일을 하더라도 기본기가 매우 중요하다고 생각하며 제일 먼저 갖추려고 노력한다.		1	2	3	4	5
14	환경은 다음 세대에서 빌려 쓰는 것이라는 생각을 갖고 쾌적한 환경을 지키기 위한 행동을 한다.		1	2	3	4	5
15	남녀 구별과 남녀 차별의 의미를 분명히 안다.		1	2	3	4	5
16	내가 맡은 일은 어떠한 문제가 있어도 책임지고 완수한다.		1	2	3	4	5
17	친구나 지인이 비윤리적 사고와 행동을 했을 경우 즉시 그렇게 하지 말 것을 말할 수 있다.		1	2	3	4	5
18	나는 말과 행동을 일치시키려고 항상 노력한다.		1	2	3	4	5
합계		개수					
		점수					

2. 응답한 점수를 합산하여 내 수준을 파악하여 본다.

점수	수준	나의 수준
72~90점	직업윤리가 높은 편에 해당한다. 낮은 점수가 나타난 항목을 더 점검해 보자.	
54~71점	직업윤리가 보통인 편이다. 직업윤리 수준을 더 높이기 위해 지속적으로 노력하자.	
53점 이하	직업윤리가 낮은 편이므로 정직, 성실, 준법정신 및 규범 준수, 고객 우선 등의 개선 노력이 요구된다. 특히 낮은 점수가 나타난 항목들을 살펴보자.	

NOTE

☞ 워크북 | 4-③ 직업윤리 갈등 상황에 대처하기

다음 각 상황 설명을 읽고, 나라면 어떻게 행동할 것인지 생각해 본다.
전우들과 논의하여 가장 바람직한 해결 방법을 찾아본다.

1

전자 회사 콜센터에 근무하다 보면 고객들의 항의 전화가 많이 온다. A씨는 오늘은 새로 구입한 TV의 화면이 미세하게 흔들린다는 항의 전화를 받았다. 전화를 건 고객은 다짜고짜 폭언을 일삼으며 화부터 내기 시작한다. 반말에 고함을 치며 짜증을 낸다. 그런데 듣다 보니 그건 우리 회사의 제품 오류가 아니라 고객이 TV를 다른 자리로 옮기는 중에 잘못 건드려 망가뜨린 것이었다. 그렇게 설명했지만 고객은 "당연히 기업에서 이런 건 물어내야 하는 거야, 이 사람아, 도대체 정신이 있는 거냐, 뭘 배운 거야" 등등 막무가내로 더 화를 내면서 욕까지 하고 있다.

2

영업부에서 근무하는 B씨는 이번 달에 새로 입사한 신입 사원이다. 영업부에서 근무하려다 보니 운전을 해야 될 일이 많아져서 B씨는 운전면허를 따려고 계획 중이다. 그런데 오늘 회사에 나와 보니 회사 차량이 운행하지 않고 주차되어 있었다. 운전면허 학원에 갈 시간도 없고, 연습할 차량도 마땅치 않고, B씨는 점심시간을 이용하여 슬쩍 회사 차량을 몰고 나왔다. '어차피 회사 영업 일 때문에 면허를 따려고 하는 건데 하루에 한 시간 정도쯤이야 이용해도 괜찮겠지?'

3

그동안 경기 불황으로 어려웠던 회사에 좋은 소식이 생겼다. 공공기관에서 발주한 큰 프로젝트 입찰에 참가하게 된 것이다. 입찰을 앞두고 C연구원은 뿌듯한 기분으로 운전을 해서 입찰 장소로 가고 있었다. 그런데 앞에서 달리고 있던 승용차가 너무 서두른다 싶더니 급기야 횡단보도를 건너는 사람을 보지 못하고 사람을 친 후 뺑소니치는 것을 목격했다. C연구원은 갈 길이 급했지만, 그대로 두면 안 될 것 같아 다친 사람을 차에 태우고 인근 병원에 데려다주었다. 그 후에 너무 지체한 것 같아 황급히 입찰 장소로 향했지만 교통 체증이 너무 심해서 결국 20분 정도 늦고 말았다. 그런데 담당자가 보이지 않았다. 알고 보니 입찰은 정해진 시간에만 가능하여 이미 끝나 버렸다는 것이다.

상황 분석	나라면 어떻게 할까?	이 직업에서 요구되는 가장 중요한 직업윤리는 무엇일까?

1

2

3

[5회기: 희망직업 탐색과 목표 설정]

목표	• 여러 경로를 통해 희망직업에 관련한 다양한 정보를 수집할 수 있다. • 수집한 정보를 분석하고 평가하여 희망직업이 갖는 특성을 파악할 수 있다. • 다양한 정보를 통해 희망직업의 경로 및 자격과 관련된 교육과 훈련 방안을 탐색하고 목표 달성을 위한 구체적인 실천사항을 계획한다.

활동과정	진행내용	소요시간	준비물
도입	• 프로그램 참여에 대한 지지와 협조를 부탁하며 집단활동 참여 동기를 높인다. • 프로그램을 설명한다.	5분	필기도구
전개	• 나만의 직업 목록 만들기 - 직업정보 탐색 활동을 통해 알게 된 자신만의 관심직업 목록을 만들어 본다. - 자신에게 가장 알맞다고 생각되는 직업의 순위를 정해 본다.	20분	워크북 ☞ 5-①
	• 커리어넷을 통한 희망직업 보고서 작성하기 - 커리어넷 직업사전을 활용하여 희망직업과 관련된 보고서를 작성해 본다.	30분	워크북 ☞ 5-②
	• 나의 인생 로드맵 만들기. - 희망직업을 토대로 하여 '미래의 나'가 되기 위해 장기 진로계획을 작성해 본다.	30분	워크북 ☞ 5-③
	• 직업 기초 능력 기르기 - 장기 진로계획의 목표와 관련된 기초적인 취업역량을 기르도록 노력한다.	20분	워크북 ☞ 5-④
마무리	• 프로그램에 대한 평가와 마무리를 한다.	15분	

NOTE

☞ 워크북 | 5-① 나만의 직업 목록 만들기

직업정보 탐색 활동을 통해 알게 된 나만의 관심 직업 목록을 만들어 본다.

직업이름	관심이 가는 이유	관련 있는 다른 직업
예) 은행원	나의 적성과 맞아서	경리사원

<table>
<tr><td rowspan="2">내가
희망하는
직업</td><td colspan="6">위 직업에서 가장 자신에게 맞는다고 생각되는 직업 순위를 정해 본다.</td></tr>
<tr><td>1</td><td></td><td>2</td><td></td><td>3</td><td></td></tr>
</table>

☞ 워크북 | 5-② 희망직업 보고서 작성하기

커리어넷 직업사전을 활용하여 희망 직업과 관련된 보고서를 작성해 본다.

희망 직업		
하는 일		
적성과 흥미		
취업현황		
준비방법		
전망		
관련학과		
관련자격		
문의 기관	커리어넷 직업분류	
	표준 직업분류	
	고용 직업분류	

☞ 워크북 | 5-③ 나의 인생 로드맵 만들기

비전을 토대로 하여 '미래의 나'가 되기 위한 장기 진로계획을 작성해 본다.

달성시기	제대 후	10년 후	30년 후	40년 후	100살의 나
	년	년	년	년	년
진로목표					

☞ 워크북 | 5-④ 직업 기초 능력 기르기

스티커를 활용하여 매우 잘함(☆☆☆☆) 잘함(☆☆☆) 보통(☆☆) 부족함(☆)

기초능력	내용	진단	개선할 점
대인관계 능력	사람들과 더불어 잘 지내고 함께 일할 수 있는 능력과 태도		
의사소통 역량	상황에 맞게 적절한 내용과 방법으로 자신의 의사를 표현하고 다른 사람의 의견을 듣고 소통할 수 있는 능력		
문제해결 능력	다양한 문제 상황에서 여러 가지 방법과 수단을 활용하여 문제를 해결할 수 있는 능력		
창의적 사고력	새로운 상황이나 문제에 부닥칠 때 새로운 해결책이나 아이디어를 만들어 내는 능력		
자기관리 능력	자신의 감정, 능력, 체력, 시간, 용돈 등을 스스로 관리하는 능력		
컴퓨터 활용능력	컴퓨터를 활용하여 문제를 해결하거나 과제를 수행하는 능력		
자원정보 활용능력	주위의 인적·물적 자원을 수집하고 활용할 수 있는 능력		
종합			

참고문헌

강기호·차호원(1987). 집단상담의 이론과 기술. 서울: 교보문고.

강진령(2006). 집단 상담의 실제. 서울: 학지사.

______(2011). 집단상담의 실제. 서울: 학지사.

국방부(2013). 병영문화혁신. 서울: 국방부.

______(2015). 국방개혁 2020. 서울: 국방부.

______(2016). 국방백서 2016. 서울: 국방부.

김계현(1990). 카운슬링의 실제. 서울: 성원사.

김광수·오영희·박종효·정성진·하요상·강주희·추정인·한선녀(2016). 용서를 통한 치유와 성장. 서울: 학지사.

김미숙(2016). 긍정심리 집단상담 프로그램이 청소년의 행복 및 우울에 미치는 영향. 수원대학교 교육대학원. 석사학위논문.

김의열(2009). 신세대 장병의 적응실태 및 군 사회복지실천에 관한 연구. 한국군사회복지학, 2(2), 67-108.

김자현(2017). 인지행동적 스트레스관리프로그램이 응급실 간호사의 사회심리적 스트레스, 스트레스 대처방식에 미치는 효과. 고려대학교 대학원. 석사학위논문.

김진희(2006). 인터넷 중독 대학생을 위한 집단상담 프로그램 개발. 전남대학교대학원. 박사학위논문.

김태현·이정원·임익순(2013). 장병을 위한 군 상담 프로그램. 파주: 교문사.

김헌수·장선철(2006). 집단상담의 이론과 실제. 서울: 태영출판사.

박선하(2017). 대학생의 대인관계능력 향상을 위한 해결중심 집단상담 프로그램 개발. 한국교원대학교 대학원. 석사학위논문.

박성희(1994). 공감, 공감적 이해. 서울: 원미사.

박재하(1991). 군 문화와 사회발전. 서울: 한국국방연구원.

박창섭(2008). 신뢰와 조직유효성의 관계에서 집단응집력의 조절효과. 대전대학교 대학원. 박사학위논문.

심윤기(2014). 군 병사의 자기복잡성과 심리적 디스트레스의 관계: 개인자존감과 집단자존감의 매개효과. 상지대학교 일반대학원. 박사학위논문.

______(2016). 군 상담학의 이해와 적용. 서울: 창지사.

육군본부(2004). 지휘통솔. 야전교범 6-0-1.

________(2007). 육군가치관 및 장교단 정신. 대전: 육군본부.

________(2010). 2010년 전반기 사고분석 자료. 대전: 육군본부.

________(2013). 임무형지휘. 대전: 육군본부.

윤관현·이장호·최송미(2006). 집단상담 원리와 실제. 고양: 법문사.

이형득(1986). 집단상담의 실제. 서울: 중앙적성출판사.

이형득·김성회·설기문·김창대·김정희(2010). 집단상담. 서울: 중앙적성출판사.

정경조(2014). 군 병사를 위한 진로상담체제 모형. 단국대학교 대학원. 박사학위논문.

천성문·박명숙·박순득·박원모·이영순·전은주·정봉희(2010). 상담심리학의 이론과 실제. 서울: 학지사.

한국군상담학회(2009). 군 집단상담의 이론과 실제. 서울: 은혜출판사.

Corey, & Corey, G. (1992). *Groups: Process and Practice* (4th ed.). Monterey, California: Brooks/Cole Publishing Company.

Corey, G. (2012). *Theory and Practice of Grouop Counseling* (International Edition 8th Edition). (김명권 등 공역). 서울: 학지사.

Dinkmyer, D. C., & Muro, J. J. (1979). *Group counseling: Theory & practice* (2nd ed.). IL: F. E. Peacock.

Ellenson, A. (1982). *Human relations* (2nd ed.). Englewood Cliffs, NJ: Prentice-Hall.

Glasser, W. (1998). *Choice theory in the classroom*. New York: Harper & Row.

Krumbolts, J. D. (1966). *Revolution in counseling*. Boston: Houghton Miffin.

Mehrabian, A. (1972). *Nonverbal communication*. Chicago: Aldine Publishing Co.

Freud, S. (1915). *The unconscious*. The standard edition of the complete psychological works of Sigmund Freud, volume XIV.

Rogers, C. R. (1951). *Client-centered therapy*. New York: Houghton Mifflin.

__________ (1970). *On Encounter Groups*. New York: Harper & Row.

찾아보기

≫ ㄹ

≫ ㅁ

≫ ㅂ

≫ ㅅ

저자 소개

심윤기

- 싱지대학교 교육학 박사(상담신리학 전공)
- 육군 제3사관학교 졸업(중령 예편)
- 청소년상담사(1급), 위기상담사(1급), 군상담사(1급)
- 육군협회 지상군연구소 리더십연구위원
- 현) 삼육대학교 군상담학전공 교수

정구철

- 중앙대학교 교육학 박사(심리측정·평가 전공)
- 상담전문가, 중독심리전문가, 학교심리사(1급)
- 대한금연학회 이사
- 현) 삼육대학교 상담심리학과 교수

정성진

- 가톨릭대학교 심리학 박사(상담심리학 전공)
- 상담전문가, 중독심리전문가, 정신건강증진상담사(1급)
- 전국 대학상담학과 협의회 이사
- 현) 삼육대학교 상담심리학과 교수

전영숙

- 삼육대학교 상담심리학 전공 박사과정
- 정교사(2급), 미술심리상담사(1급), 진로상담사(1급)
- 희망가정폭력상담소 소장 / 가정복지상담센터 소장 역임
- 현) 하늘숲속학교 교장

주희헌

- 삼육대학교 상담심리학 전공 박사과정
- 전문상담교사(2급), 심리상담사(1급), 진로상담사(1급)
- 희망가정폭력상담소 상담원 / 삼육중학교 전문상담교사 역임
- 현) 육군병영생활 전문상담관

군 집단상담의 기초

초판 1쇄 인쇄 2017년 8월 10일
초판 1쇄 발행 2017년 8월 21일

지 은 이 | 심윤기·정구철·정성진·전영숙·주희헌
펴 낸 이 | 김기섭
책임편집 | 박소정
펴 낸 곳 | 창지사 www.changjisa.com
08589 서울시 금천구 가산디지털 1로 83 파트너스타워 1차 9층
전화 (02) 719-2211~3
팩스 (02) 701-9386
등 록 | 1977년 4월 28일·제1-421호

ISBN 978-89-426-2360-0 (93330)

값 19,000원

이 도서의 국립중앙도서관 출판예정도서목록(CIP)은 서지정보유통지원시스템 홈페이지(http://seoji.nl.go.kr)와 국가자료공동목록시스템(http://www.nl.go.kr/kolisnet)에서 이용하실 수 있습니다. (CIP제어번호: 2017020081)